모발두피 기초이론

이진옥·이혜정

청구문화사

Preface

미용은 지구상에 인류가 생존하기 시작한 원시시대부터 현대에 이르기까지 문화의 변천과 더불어 급변하는 세계의 흐름 속에 다양한 변화를 통하여 그 맥을 이어 왔습니다.

인간의 아름다움에 대한 미적 욕구는 생활수준이 향상됨에 따라 개성을 표현하는 수단으로 달라지고 있습니다. 21세기는 디지털 시대로서 대중매체의 발달은 미를 추구하고자 하는 인간의 본성을 자극하고 있으며, 개성을 표현하는 수단으로 헤어에 대한 관심은 인터넷과 매스컴의 영향으로 크게 달라지고 있습니다. 특히 현대사회는 외모가 사회활동 하는데 있어 경쟁력으로 작용하면서 외모지상주의 사회적 풍조가 만들어졌습니다.

그러므로 전문적인 미용인은 올바른 모발 및 두피관리를 통하여 아름다운 헤어스타일을 창출하기 위한 노력이 매우 중요합니다.

본 서적은 그동안 모발과학을 강의하면서 준비했던 자료들을 정리하여 한 권이 책으로 엮은 것으로써 두피생리, 모발생리, 탈모, 모발과 영양, 샴푸, 모발과 두피관리 등의 내용을 바탕으로 모발과 두피에 대한 기초이론을 정리하려고 노력하였으며, 처음 공부하는 학생들에게 이해를 돕는데 초점을 맞추었습니다.

출간에 앞서 부족하고 미비한 점이 너무 많아 부끄러움과 미흡함을 감출 수가 없습니다.

아무쪼록 본 서가 학생들에게 모발과 두피에 대한 전반적인 이해를 돕는데 도움이 되기를 진심으로 바랍니다.

끝으로 본 서의 출간에 협조를 아끼지 않으신 청구 출판사 사장님과 편집부 직원 여러분들께 깊은 감사를 드립니다.

CONTENTS

Ⅰ. 두피 생리

1. 두피의 정의 … 9
2. 두피 유형 … 10
3. 두피의 유형 … 19
4. 두피 손상원인 … 28

Ⅱ. 모발 생리

1. 모발의 정의 … 33
2. 모발의 구성요소 … 34
3. 모발의 발생과 성장주기 … 35
4. 모발의 구조 … 41
5. 모발의 종류 … 46
6. 모발의 특성 … 48
7. 모발의 손상 … 69

Ⅲ. 탈모

1. 탈모의 정의 … 79
2. 탈모의 원인 … 80
3. 탈모의 유형 … 86

Ⅳ. 모발과 영양

1. 단백질 … 95
2. 비타민 … 95
3. 지질 … 96
4. 미네랄 … 96

Ⅴ. 샴푸

1. 샴푸의 기능 … 103
2. 샴푸제의 종류 … 104
3. 샴푸제의 구성성분 … 107

Ⅵ. 모발과 두피관리

1. 모발관리 … 119
2. 두피관리 … 120

I

두피 생리

1. 두피의 정의

두피는 머리 부위를 덮고 있는 피부를 뜻하며, 영어 명칭은 scalp이다. 두개골 상부 구조들의 영문 첫 글자를 따서 지은 이름으로서, 피부(Skin), 결합조직(Connective tissue), 널힘줄(건막, Aponeurosis), 성긴 결합조직(Loose connective tissue), 머리뼈막(두개골막, Pericranium)의 각각의 앞글자를 따서 명명하게 되었다. 두피는 이러한 5층으로 구성되어 있으며 중요한 구조물로는 모발이 있다.

다른 부위와 다른 특수한 구조로 뒤통수근(후두근)과 이마근(전두근), 관자근을 연결하는 질긴 섬유성 막인 널힘줄이 있는 것이 다른 부위 피부와의 차이점이다. 두피는 머리를 덮고 있는 피부로서 모발이 위치하여 미용적인 역할을 담당하며 자외선, 더위, 추위와 외부의 충격 등으로부터 보호하고 감각 수용, 체온 조절 등의 여러 기능적 역할을 담당한다.

2. 두피의 구조

두피는 다른 피부 구조와 비슷하지만 입모근, 모모세포, 모유두, 혈관, 한선, 모기질 등이 두피 구조에 분포되어 있으며 모낭과 피지선의 분포가 많다는 차이가 있다. 또한 두피는 다른 부위 피부와는 다르게 모발로 덮여 있어 습도가 높고 땀의 분비, 피지 등으로 관리를 소홀히 하면 세균번식으로 인한 탈모의 원인이 될 수 있다. 이처럼 두부를 보호하고 있는 두피는 모발생성과 뇌의 보호 기능에 관여하는 중요한 역할을 하며, 펌, 염색, 샴푸 등이나 내적 이상에 민감하게 작용하는 것이 특징이다.

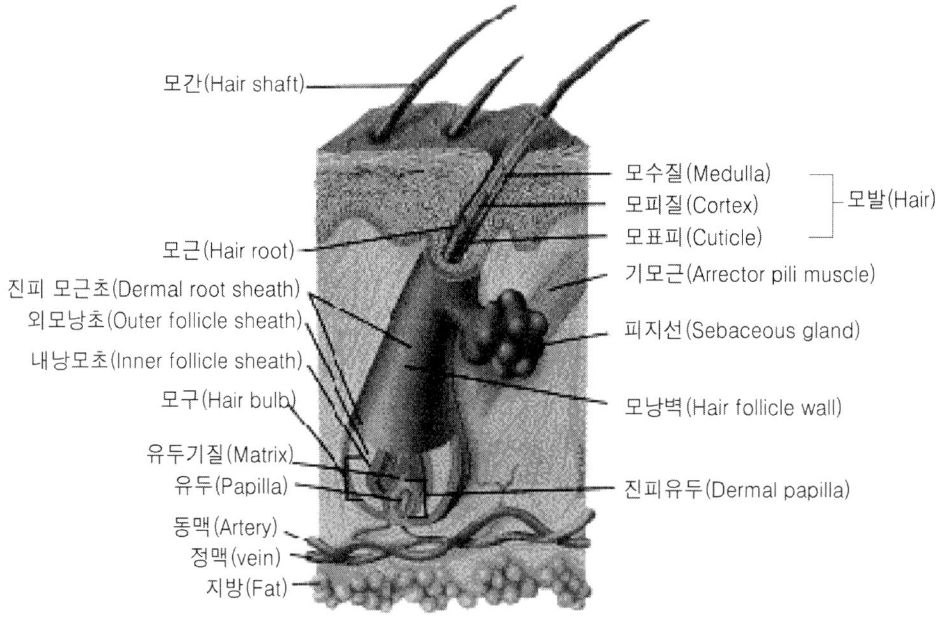

1) 모근(Hair root)

피부에 나는 털이 있는 부분은 모근과 모간으로 나눌수 있다. 피부 표면 밖에 드러난 부분을 모간이라 하며 표피 안쪽 영역으로 모낭에 싸여 있는 부분을 모근이라 한다. 모근은 모근 형성에 필요한 내모근초 세포, 내모근초를 둘러싸고 있는 외모근초 세포로 이루어져 있으며, 외모근초는 진피근초 세포로 둘러싸여 있다.

모근의 가장 밑부분은 둥글게 부풀어 있고 연한 색을 띠는데 이곳을 모구라고 하며, 모구의 아랫부분에는 결합조직의 모유두(毛乳頭)가 있다. 모구의 세포가 자꾸 새로 생기면서 털은 자라게 되고 어느 단계에서는 털에 영양공급이 중단되어 손톱 등에서 볼 수 있는 케라틴이라는 딱딱한 단백질을 형성하기 시작한다. 모유두는 모세혈관과 감각신경이 연결되어 있고 모세혈관을 통해 영양분과 산소를 공급받아서 모유두를 감싸고 있는 모기질(모모세포)에 전달되어진다. 모기질은 세포분열과 증식이 시작되는 표피세포의 기저층에 해당되며 모기질의 세포분열과 증식으로 모발이 위쪽으로 밀려 올라가게 되며 모발이 자라는 것처럼 보여지는 것이다.

모기질에는 멜라닌을 형성하는 멜라노사이트가 있고 이 멜라노사이트에 의해 모발의 색깔이 결정되어 진다. 모낭 벽에는 피지를 분비하여 모발과 피부를 매끄럽게 해 주는 피지선과 작은 근육으로 된 기모근이 붙어 있다. 기모근이 추위와 공포로 인하여 수축되면 모발이 좀더 위로 서게 되고 전체적인 모낭이 약간 올려져서 주위의 피부보다 높아지게 된다. 모낭에는 입모근(立毛筋)이 붙어서 털을 세우고, 또 많은 신경섬유가 분포하고 있어 촉각으로서의 기능을 하게 한다.

2) 모낭(Hair follicle)

모낭은 머리카락을 생성하는 기관이며, 모발을 감싸고 있는 주머니 모양으로 되어 있어 모근을 보호하는 자루 역할을 한다. 표피에서 시작하여 진피와 피하지방에 이르러 전구 모양의 둥근 모구가 되어 모발을 생장시키는 데 있어 중요한 역할을 하고 있다. 사람의 모낭은 태생기 9주째에 눈썹과 윗입술, 턱에서 처음으로 생기기 시작하고 다른 부위는 16주째에 시작하여 22주째에는 완전한 모낭이 생성된다. 사람의 모낭은 일반적으로 10-12만개의 모낭을 갖고 태어나며 태어난 후에는 더 이상 생성되지 않는다. 모발은 임신 모낭이 형성되기 시작한 임신 16~20주부터 자라기 시작하여 이때 자란 머리카락을 배넷머리(취모)라 하며 임신 32주 정도에 모낭에서 탈락된다. 만일 배냇머리가 늦게 탈락되면 아기가 태어날 당시 모발이 많은 상태로 출산 된다. 모발은 어릴 때는 연모이며 다 나오지 않다가 사춘기가 되면 모낭에 싸여 있는 모발이 모두 나오게 되면서 경모가 된다. 하지만 25세 이후로 모낭의 수는 점차 줄어들기 시작한다. 모낭은 모기질 세포와 모유두로 이루어진 모낭 하단부, 돌출부와 피지선관 사이의 좁은 부분인 협부, 피지선 관과 표피 사이인 모누두부 등 3영역을 구분한다. 모발을 외부 압력에 의해 억지로 뽑으면 모발의 모근 끝에 젤리 모양의 반투명의 물질이 붙어 있는데, 이것이 바로 모낭의 일부분이다.

3) 모구(Hair bulb)

모구는 모근부의 아래쪽에 위치하며 모발이 생성되는 장소로서 둥근 모양의 형태로 진피결합 세포층에 묻혀 있다. 모구는 기저막을 경계로 모유두 세포와 모기질 세포, 모모기로 구성되어 있으며, 내부에 모모기를 함유하고 있고 모유두를 싸고 있다. 모모기는 털과의 접촉부이며 여기에서 세포분열이 일어나 털의 신장이 가능하게 된다. 모기질세포 사이에는 멜라닌생성 세포도 존재한다.

4) 모유두(Papilla)

모구부의 가장 아래 중심부분에는 오목하게 진피의 결합조직(Connective Tissue)에 묻혀 있는 부분이 있는데, 이 움푹 패인 부분에는 진피 세포층에서 나온 모유두가 있다. 모유두는 태어날 때부터 숫자가 결정되어 있으며, 세포형성에 필요한 영양분을 공급하는 장소이므로 모유두가 없으면 모발은 생성되지 않는다.

식물의 뿌리에 해당하는 모유두는 유두와 같은 모양을 하고 있으며, 모근부의 아래쪽에 위치하고 세포분열이 시작되는 기저층에 해당된다. 세포가 빈틈없이 짜여 있는 모유두는 모세혈관이 거미줄처럼 엉켜 있고 자율신경이 분포되어 있으며 모유두의 위쪽 표면에는 수많은 모세포로 덮어져 있어서 모발 생장에 중요한 역할을 한다. 모세포는 모발형성에 근원적 역할을 하며, 아미노산, 미네랄, 비타민 등의 영양소와 단백질 합성 효소, 호르몬 등과 함께 모발을 성장시키는 데 필요한 영양분과 산소를 모세혈관을 통해 모유두가 공급받아 모세포에 보낸다. 모세혈관은 모발의 원료가 되는 아미노산을 모유두에 운반하고 자율신경은 아미노산이 모유두에 도달하면 아미노산을 합성해서 케라틴 단백질을 만들어

낸다. 모유두의 세포들은 계속해서 세포분열을 하고, 모유두의 활동이 왕성하면 건강한 모발이 만들어지게 되는 것이다. 모유두 상부에 위치한 상피세포층에는 모발이 만들어지는 모기질(Matrix)이 있다. 모기질은 모발을 만드는 케라틴 형성세포(Keratinocyte)이다.

5) 모모세포(keratinocyte cell)

모모세포는 모발의 모체로서 모유두가 접한 부분에 모모세포가 모유두를 덮고 있다. 세포 가운데서도 특히 세포분열이 왕성하여 끊임없이 분열, 증식을 되풀이한다. 모모세포들은 완만한 속도로 모낭 안에서 각화과정을 거치면서 그 압력에 의하여 모낭의 방향대로 위쪽으로 천천히 밀려 올라가면서 모발은 성장한다. 모모세포의 분화로 모표피(Cuticle)가 되는 것과 모피질(Cortex), 모수질(Cuticle)이 되는 것으로 각각 나뉘어져 모모세포가 모발의 형태를 갖추면서 성장, 발달한다. 모모세포가 세포분열을 일으키는 모구부는 모발에 있어서 살아 있는 영구적인 부분이라 할 수 있다. 따라서 모모세포가 세포괴사인자에 공격을 받으면 모발의 생장기를 짧게 하고 이른 시기에 퇴행기가 오게 하여 탈모를 유발한다.

모모세포에는 모발의 색을 결정짓는 색소형성 세포인 멜라노사이트가 함께 존재한다.

6) 모낭줄기세포(Hair follicle stem cells)

줄기세포는 구조적, 생화학적으로 미분화된 세포로써 큰 증식능력과 조직의 유지와 재생에 관여하며 재생이 가능한 모든 조직은 줄기세포가 존재한다. 줄기세포는 한정된 증식 능력을 갖는 전이증폭세포(Transient amplifyng)가 되며, 증식능력이 소실되면 분열이 끝난 세포가 된다. 활발하게 분열하는 세포들로 구성된 전이증폭세포들은 최종분화를 통해 소실되는 세포들을 보충하는 역할을 한다. 줄기세포은 또 다른 속성은 상처와 자극에 반응하여 증식하게 되며, 혈관과 신경이 발달된 부위에서 발견된다. 모낭줄기세포는 모낭이 팽윤부(Bulge)부위에서 발견되며 팽윤부는 기모근의 부착부인 모낭의 피지선 하방에서 발견되며 외모근초세포(Outer root sheath cell)의 특정 생물형군(Subpopulation)으로 이루어졌다. 팽윤부는 건강한 머리카락 상태를 유지시켜주며 머리카락을 생성하는 세포의 줄기세포를 공급하며, 줄기세포는 상피조직, 피지분비선, 그리고 모낭하부로 이동하여 각각 피부상피를 구성하는 세포, 머리카락세포로 분화된다. 모낭하부에 존재하는 진피세포는 줄기세포에 모낭형성을 위한 첫 신호를 보낸다. 이 신호를 흔쾌하게 받아들인 줄기세포는 진피조직의 세포와 신호를 주거니 받거니 하여 차례로 플라코드, 헤어점, 그리고 페그 구조물을 형성하여 마침내 일생동안 털을 생성할 수 있는 모낭을 형성한다. 신호를 최초로 보낸 진피조직의 세포도 그 세력을 확장하여 모유두 세포를 형성한다. 이것이 모낭의 기본 구조이며 모낭이 형성될 때 줄기세포를 보관하는 팽윤부와 피지를 분비하는 피지분비선 조직도 함께 관찰된다.

7) 내모근초(Inner root sheath)와 외모근초(Outer root sheath)

모근부는 모낭으로 둘러싸여 있고, 모발 중 모표피와 접하고 있는 층인 내모근초와 그 외측의 외모근초로 덮여져 있다.

내모근초는 외측으로부터 헨렌층(Henle's Layer), 헉슬리층(Huxley's Layer), 초표피(Sheath Cuticle)의 3층으로 구성되어 있고 각각의 형태와 내용이 다른 세포군으로 되어 있다. 내모근초 표피는 위에서 아래 방향으로 쌓은 기와 모양으로 겹쳐서 단층의 편평세포이다. 헉슬리층은 1~2층의 여러 가지 기능을 가진 세포로 이루어져 있고 헨렌층은 1층으로 되어 있으며 약간 편평한 세포이다. 내모근초와 외모근초는 모구부에서 세포분열에 의해 만들어지며, 모발이 자라면서 함께 위로 올라간다. 모표피로 된 세포는 세로로 나란히 점점 죽순의 성장과 같이 각화되고, 각화된 세포가 분열되어 케라틴섬유 등 각종 단백질을 합성하면서 세로줄로 길게 되어 각화하고 있는 부분을 각화대(角化帶)라고 한다. 내모근초와 외모근초는 모표피 외측에서 모구부 위의 방향으로 세포가 분열되면서 만들어지고 모낭을 위로 밀어 올려, 모구부에서 형성된 모발이 각화가 완전히 종결될 때까지 보호하며 운송하는 역할을 하며, 피지선 부근에서 모근초의 역할은 소멸된다. 즉, 모발을 보호하면서 표피 밖으로 운송하는 역할을 다한 후에는 비듬이 되어 두피에서 탈락되는 것이다.

8) 멜라닌 색소세포(Melanocyte)

멜라닌(melanin)은 여러 동물들의 피부나 눈, 모발 등의 조직에 존재하는 흑색 내지는 갈색 색소를 총칭한다. 주로 글로불린과 강한 결합을 이루는 멜라닌프로테인으로 존재하고, 물에는 용해되지 않지만 알칼리 용액이나 진한 황산에는 녹는다. 멜라닌은 일정량

이상의 자외선을 차단하는 기능이 있어서 피부의 체온을 유지시켜주고 자외선으로부터 피부를 보호해 준다. 또한, 멜라닌의 양에 의해서 피부색, 모발색, 눈동자 색이 결정된다. 멜라닌 색소는 모근에 산재해 있는 멜라노사이트(색소세포) 중에서 타이로신(아미노산의 일종)을 원료로 하여 몇 단계의 산화·중합을 거쳐 만들어진다. 모발의 색은 흑색이나 갈색에서 금발까지 매우 다양하며 인종과 유전, 호로몬에 따라 색의 차이를 보인다. 모구(hair bulb)에 있는 모모 세포와 함께 존재하며, 멜라닌 색소세포에서 생성되는 멜라닌은 흑색에서 갈색을 띠는 유멜라닌(Eumelanin)과 적갈색에서 황색을 띠는 페오멜라닌(Eumelanin)이 있다. 유멜라닌은 길이가 1.8~1.2㎛ 정도의 쌀알형태이며 분자량이 큰 중합체로 물에 용해되지 않으며 주로 동양인에게 많이 존재한다. 페오멜라닌은 서양인에게 많이 존재하며 입자의 크기가 유멜라닌에 비하여 작고 타원형이다. 따라서 모피질의 각질세포는 각화과정에 의하여 영구모발로 성장함으로써 모피질에 분포된 멜라노좀에 의해 모발 색깔을 띠게 된다.

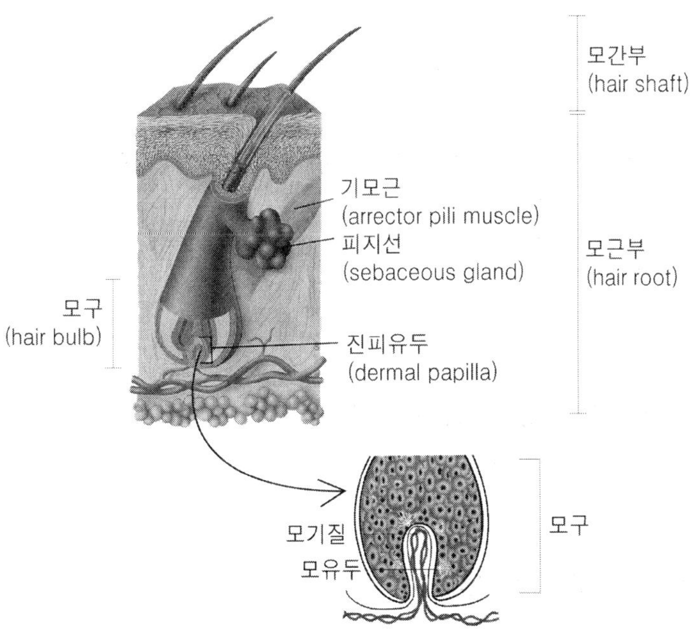

9) 피지선(Sebaceous Gland)

피지선는 모낭의 모누두부에 위치해 있으며 모낭주변에 4-5개의 주머니가 모낭과 연결되어 있으며, 포유류의 피부와 모발에 유성 또는 왁스성 물질을 분비하는 피부의 미세한 분비샘이다. 피지선은 전신에 걸쳐 1cm^2당 400~900개 정도 분포하며 하루 평균 1~2g의 피지(Sebum)가 분비된다. 인간에서는 손바닥과 발바닥을 제외한 피부의 모든 부위에 존재하며 얼굴과 두피에 가장 많이 분포되어 있다. 이곳에서 분비되는 피지는 땀과 유화되어 피지막을 형성하고 약산성(pH 4.5~5.5)을 띠며, 모낭 벽과 모낭 내에 있는 털을 통하여 피부표면과 모발표면에 얇은 산성막을 형성하여 피부와 모발을 윤기 있게 하는 동시에 보호하는 역할을 하게 된다. 피지는 공기나 온도에 의해 산화되며, 이러한 현상으로 인해 피지산화물이 모공에 축적되어 세균번식을 가져올 수 있으며 모공을 막게되어 모낭염, 지루성두피염 등의 두피질환을 유발시키고 모공에 산소공급이 원활하지 않아 탈모를 영향을 미칠 수 있다. 피지분비의 생성은 남성호르몬, 항체호르몬, 식생활, 스트레스 등에 의해 좌우되며 여성의 피지분비는 월경 주기와도 밀접한 관련이 있다.

10) 입모근(Arrector Pili Muscle)

입모근은 피지선 아래인 모낭의 협부에 위치하고 있는 작은 근육이며, 불수의 근으로 평활근 섬유의 묶음으로 구성되어 있다. 이를 '기모근'이라고도 한다. 자율신경계의 교감신경에 의해 신경이 전달되면 입모근의 수축이 일시적으로 일어나 털을 바로 세우게 된다. 입모근의 수축은 비자발적 감정변화 즉, 스트레스, 감기, 공포, 추위 등에 의해 발생한다. 입모근의 잦은 이완과 수축은 피지선을 자극하여 피지분비를 증가시키고 이러한 현상은 두피의 건강과 모발 성장에 장애 요인으로 작용하여 탈모의 요인이 될 수 있다. 속눈썹, 눈썹, 코, 빰, 입술에는 입모근이 없다.

11) 한선(Ecrine sweat gland)

한선(Sweat Glands)은 피부와 모낭에 땀을 분비하여 불필요한 분비물을 배출하며 포유류에만 존재하며 땀샘이라고도 한다. 피부표면의 독소제거와 체온조절 기능을 하며, 소한선(Accrine Gland)과 대한선(Apocrine Gland)으로 구분되는 약 2백만 개 이상의

한선이 분포되어 있다. 소한선은 인체의 주요 땀샘으로 거의 모든 피부에서 발견되며 밀도가 가장 높으며 피부 전신에 약 230만개 정도가 분포하며 한 시간에 1ℓ 이상 하루에 10ℓ의 땀이 분비된다. 손바닥과 발바닥, 머리 가장 많이 분포되어 있으며, 주로 물로 구성되어 있어 깨끗하며 무색, 무취의 물질인 땀을 생성한다.

대한선은 진피의 교차점에 위치한 코일 모양으로 구성되어 있다. 대한선은 직선 부분이 모낭의 비두 부분에 삽입되어 몸의 특정 위치에서만 발견되며, 피지선과 함께 모낭에 연결되어 모공을 향해 열려져 있으며 피지선의 땀을 분비한다. 분비 전에는 무색, 무취이나 분비 후에는 땀 속으로 세포의 일부가 떨어져 나와 혼입되므로 여러 성분으로 구성되어 땀의 농도가 짙고 독특한 냄새를 갖고 있으며 과잉분비 시 악취가 나며 체온과 비례하여 분비된다. pH 5~6 정도이며 산성막의 생성에 관여한다. 대한선의 분비는 성호르몬에 영향을 받으며 남성보다 여성이 많고 동양인보다는 백인, 백인보다는 흑인이 잘 발달되어 있다. 감정변화가 있을 때 작용이 활발하다. 출생시에는 전신에 분포되어 있지만 생후 5개월에는 퇴화가 시작되며, 사춘기에는 겨드랑이, 생식기 주위, 유두 주위, 배꼽 등 한정된 부위에만 존재한다.

소한선과 대한선은 해부학적으로도 분비생리학적으로도 근본적인 차이는 없으며, 대한선에서 소한선으로 진화과정에 따른 일련의 변화라는 것이 확인되었다.

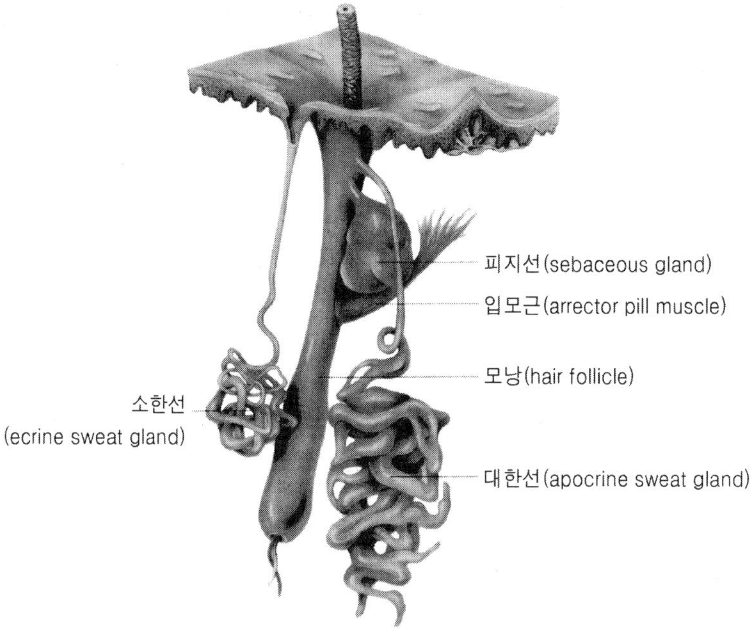
피지선(sebaceous gland)
입모근(arrector pill muscle)
모낭(hair follicle)
소한선
(ecrine sweat gland)
대한선(apocrine sweat gland)

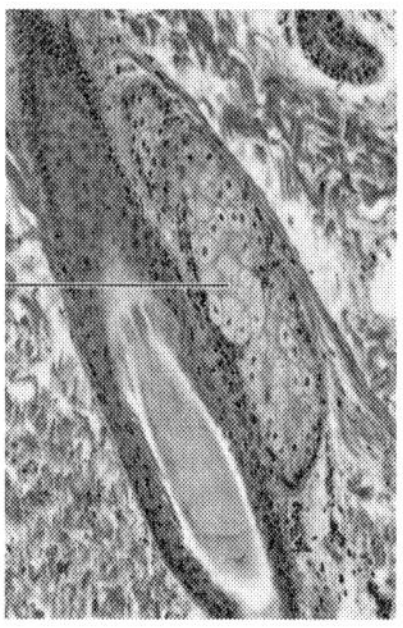

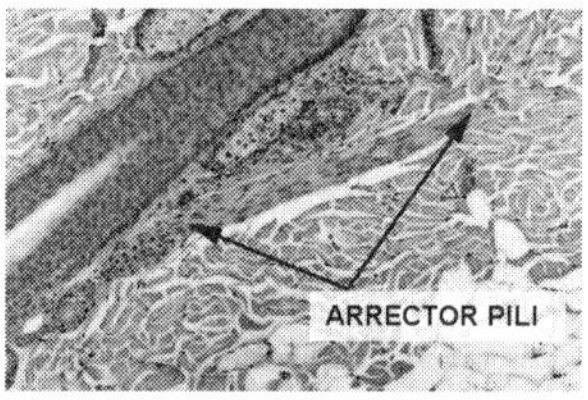
ARRECTOR PILI

3. 두피의 유형

1) 정상두피(Normal scalp)

두피 유형은 두피에 조직의 반응정도인 모유두상부의 상태 및 피지분비량, 각질상태, 수분의 상태 등에 따라 구분한다. 두피 탈모 진단에 의하면 건강한 두피는 피부 표믄이 맑은 청백색을 띄며, 투명하고 각질이 없는 깨끗한 상태이다. 그러므로 두발이 나와 있는 모유두는 윤곽선이 뚜렷한 오목한 형태를 보인다. 두피 유형은 흔히 수분량과 피지량이 갖는 요인으로 결정된다. 두피 부위는 측정 위치에 따라서 유형의 차이를 갖는다. 얼굴 안면에 피지량과 비교해 보면 모유두상부가 많이 분포해 있어 온도가 높아 피지분비량이 많기 때문이다.. 피지측정은 세발 후 2~3시간이 지난 후의 측정결과가 가장 적당한 시간이며, 이때 측정을 통해 분류된다. 정성두피를 제외한 문제성으로는 건성두피, 지성두피, 지루성두피, 민감성두피 등에 있어서 탈모현상까지 나타난다.

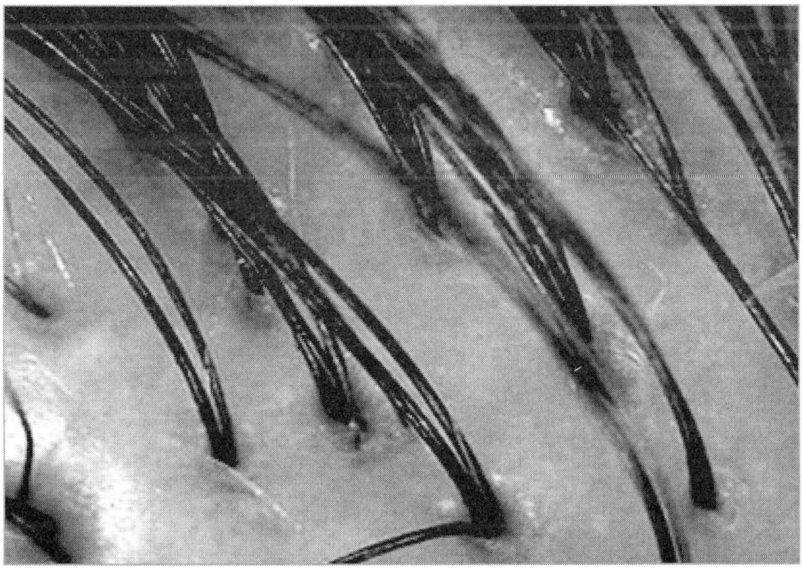

2) 건성두피(Dry scalp)

정상 두피의 톤과 비슷하나 두피에 표면의 피지량에 따라서 유·수분이 균형이 맞지 않아 모유두상부가 건조한 상태로서 윤기가 없는 각질이 쌓여 당기는 느낌을 준다. 두피의 모유두상부는 막혀 있는 경우가 많아 두발은 가늘어지고 거치게 되며 건조하기도 하고 이는 내·외적 원인으로 피지 분비선에 남성호르몬인 테스토스테론 분비 부족에 따른 결과이며 영양섭취 불균형과 스트레스, 탈색, 염모제, 펌 등을 이용한 화학적 시술 등의 외적 원인에 의한 두피와 두발으 건성화를 나타낸다. 모낭에서 영양공급 부족시 피지생성이 적어지고 두피는 얇아지고 두개골에 밀착된다. 건성 두피에 따른 건성두발이 몇 년간 지속될 경우 두피의 혈액순환이 둔하여 두발의 탈모를 유발한다.

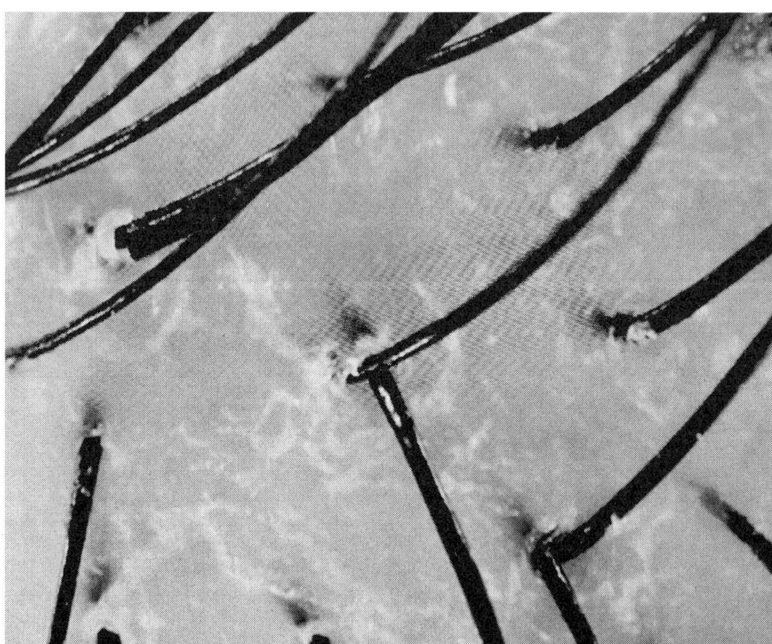

3) 지성두피(Oily scalp)

번들번들한 인설이 특징적인 지성 두피는 피지선과 한선의 활발한 활동 이상 현상으로 나타나며, 피지와 땀의 과다분비로서 두피를 지나치게 번들거리게 한다. 노화가 될뿐만 아니라 피지 산화물이 축적되는 경향 있고 두피톤은 황색을 띤다. 지성 두피는 내·외적 원인으로 나누고, 남성호르몬 과다분비에 따른 유전적 원인, 스트레스, 음식물 등의 내적요인과 지나친 두피 마찰과 올바르지 않은 샴푸 방법에 따른 청결하지 못하여 모유듀상부에 피지를 고이게 한다. 또한 다른 염증 없이 인설을 가진 비듬과 각질이 엉키고 끈적이며 피지 산화 냄새가 난다. 모근 내 모유두로 피지가 역류하기 쉽다. 이런 두피의 유형은 지루성두피염과 가려움증을 유발시켜 동반함으로써 미만성 탈모로 나타난다.

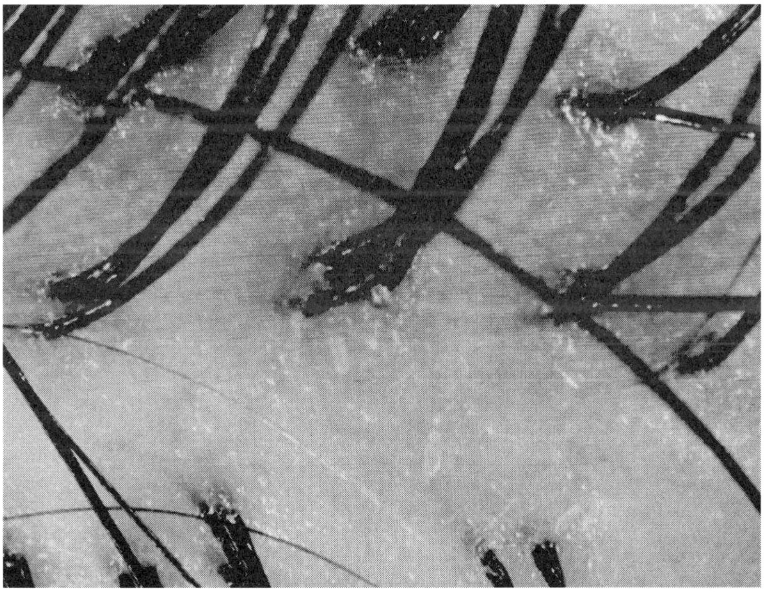

4) 민감성 두피(Sensitive scalp)

피부조직이 얇으며 섬세하고 두피표면이 현저하게 붉은빛을 띄고 있으며, 심한 스트레스는 두피 긴장에 의한 혈액 순환장애를 일으킨다. 두피에 자극을 주는 제품 사용과 습관 등에 의해 유발된다. 부분적으로 염증이 생길 수 있으며 사용하는 제품이 두피에 맞지 않으면 민감하게 두피 트러블을 일으킨다. 심한 경우 세균 감염으로 인하여 염증이 발생하여 지루성 두피로 변화기도 한다.

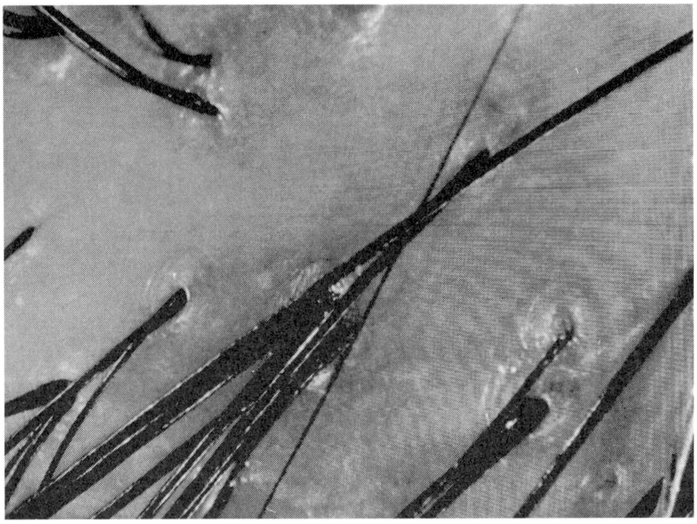

5) 비듬성 두피(Dandruff scalp)

각질과 피지 분해물에 의한 비듬 형성은 신진대사의 이상증식으로 나타나는 증상이며, 피지 분해물에 의한 비듬은 피지분비의 항진과 세균번식이 직접적인 원인이 된다. 진균 포자수와 임상정도는 상관성을 가지며 항진균제 투여시 병변의 증상이 호전된다. 진균의 증가는 인설에 의한 영양분 증가로서 이차적 현상으로 볼 수 있으나 균의 증가를 보이지 않는 경우도 있으며, 직접적인 원인인 호르몬 불균형과 교감신경의 긴장에 따른 자율신경 실조에서 온 스트레스, 탄수화물 과다섭취, 지방, 표피조직 내의 신진대사 불균형으로서 비타민, 미네랄 부족 등에 의해 나타난다. 내적 원인으로서 상피세포가 과다하게 떨어져 나가는 데에 있다.

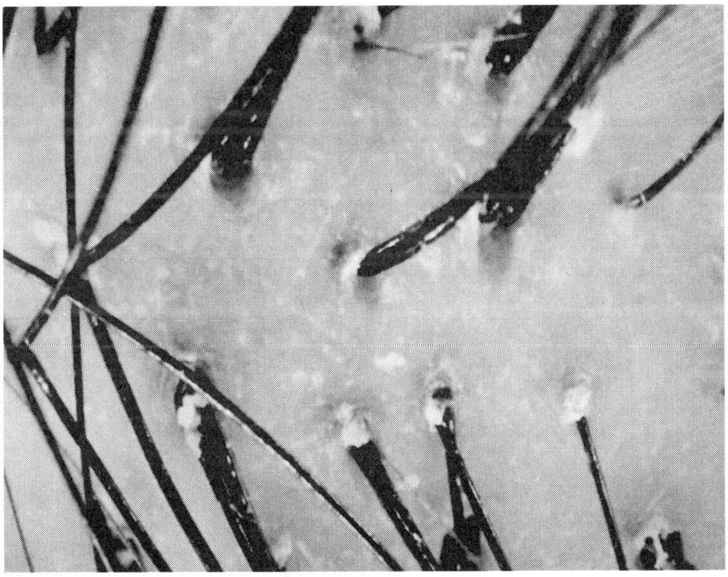

6) 지루성염증 두피

지루성 두피는 가려움, 비듬 등을 동반하며 피지선의 기능이 증가되는 부위에 많이 발생된다. 그 원인은 확실하게 규명되지 않았지만 피부에 상주하는 Pityrosporum 균의 감염이나 피지의 과다분비, 환경적요인, 음식물, 유전적 소인, 면역기능저하 등의 원인 또는 유발인자로 추측되고 있다. 비듬성 두피는 건성비듬과 지성비듬으로 구분하며 이는 비듬균의 이상 증식으로 인해 두피 각질층의 각화 현상이 비정상적으로 증가하거나 피지선의 기능과다 또는 기능저하 등의 불균형으로 인해 발생하는 두피 유형이다. 노화각질과 피지분비물이 전체적으로 두피를 덮고 있는 상태이며, 피지분비물의 산화과정과 노화각질의 빛 반사 작용 등이 진단 시 영향을 주어 황색톤에 가까운 두피 톤을 형성한다. 국소적으로는 두피 내 진균류의 이상증식에 따른 세균성 트러블, 염증, 가려움증 등에 의한 홍반화현상이 나타난다. 피지분비물과 서로 엉키어 존재하는 각질은 운모상으로 겹겹이 쌓여 두터운 피부조직과 같은 형태를 유지하고 있어 탈락이 쉽지 않으며, 피지분비물의 산화과정에서 발생되는 악취를 동반한다.

7) 건선두피

두피건선은 만성 피부병으로 유전적인 원인이 강하며 두피에 피부가 두꺼워지며 은색의 비늘이 형성되고 심하게는 따끔거림과 출혈 현상도 보인다. 두피건선은 경계부분이 뚜렷한 직경 1 cm 이하의 구진으로 단단한 피부 융기물이다. 주로 피지선 주위나 한선, 모낭의 개구부에 생기고 각질층 내에 존재하게 되는데 이는 표피세포의 빠른 각화 과정과 세포 분열의 촉진 등으로 두피 전체에 각질이 두껍게 쌓여 은백색의 인설형태로 존재한다.

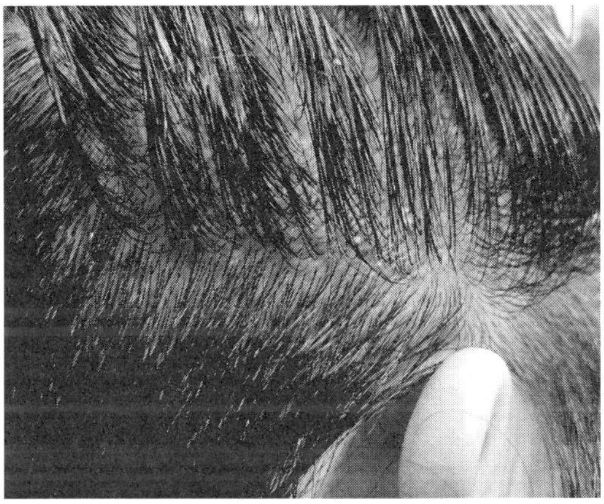

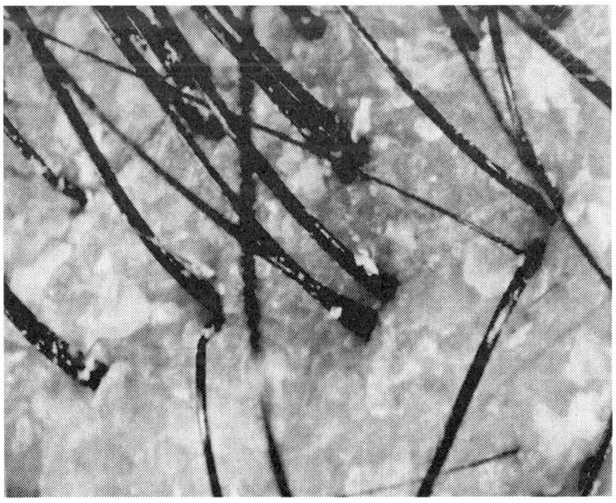

8) 백선두피

두부백선은 피부사상균(무좀균)에 의한 피부 감염으로 발생하는 것으로 두피에 나타나는 것을 말한다. 원인으로는 Microsporum canis, Microsporum ferrugineum, 신체접촉에 의한 감염과 봄, 여름에 발생하는 것이 특징으로 두피가 회백색을 띠며 인설이 보인다. 모공상태는 막혀있고각질이 두텁게 존재한다. 발생 형태에 따라 차이가 있으나 문제부위 중심으로 진물과 염증이 보이기도 하며 버짐의 형태가 원형 형태로 명확한 경계를 보인다.

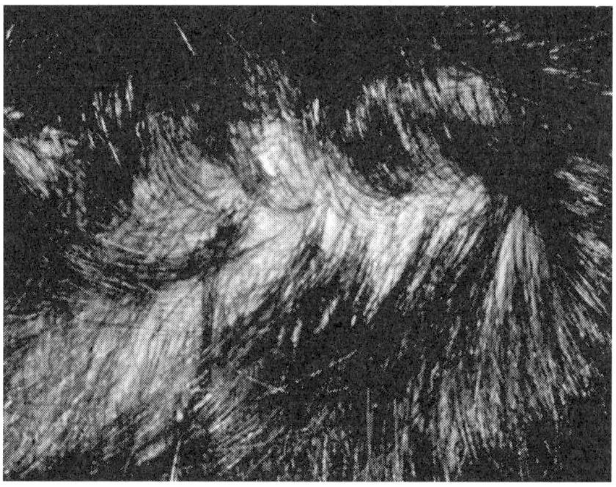

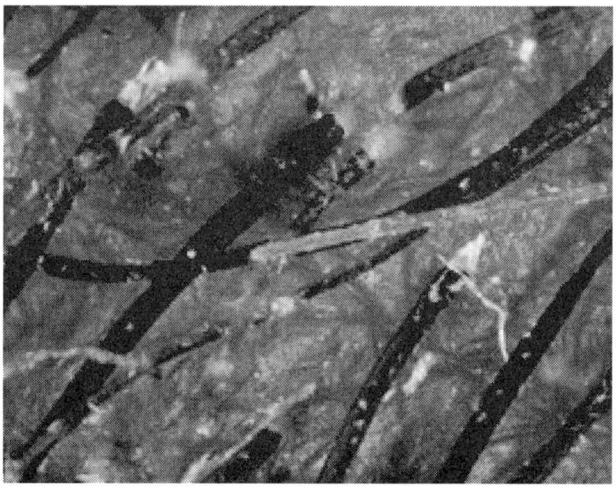

9) 탈모성 두피

탈모성 두피는 두피 표면에 피지가 과도하게 분비되고 두피가 경직되어 딱딱하고 광택을 띄며 모발이 가늘어지고 힘이 없어진 두피를 말한다. 탈모성 두피는 유전에 의해서나 환경, 잘못된 식습관, 생활습관에서 올 수 있다. 유전은 부모님과 같은 식습관, 생활습관을 할 경우가 많으므로 탈모성 두피로 될 가능성이 크고 환경이란 자외선을 많이 받는 직업을 갖고 있거나 바닷가 주변 등에 살고 있으면 더 빨리 노화될 수 있다.

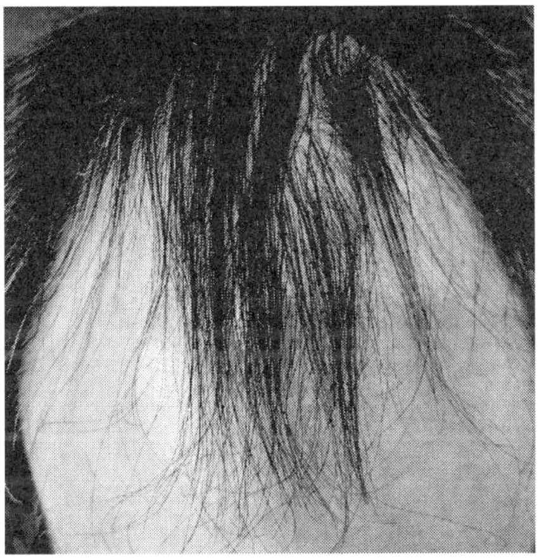

4. 두피 손상원인

두피 손상의 원인은 크게 호르몬관련 질환, 소화기장애, 스트레스 등의 내부 원인과 물리적, 화학적 원인, 환경적 원인인 외부요인으로 구분할 수 있다.

1) 내부손상원인

두피 손상의 내부원인은 두피 손상의 원인 중 가장 문제시되는 부분이며 동시에 인체에 있어 두피 모발의 존재를 알 수 있는 부분이다. 이는 두피가 인체의 오장육부와 깊은 관련이 있음을 증명하는 것으로 호르몬 분비이상, 스트레스, 식생활, 소화기 이상 등으로부터 두피의 손상이 나타남을 뜻한다. 일반적인 제품과 기기에 의존한 관리로는 효과를 보기위해서는 오랜시간과 노력이 필요하므로 평소 생활습관, 식습관, 건강상태를 잘 조절해야 하여 미리 예방하는 것이 중요하다. 문제성 두피의 원인은 유전적인 요인뿐만 아니라 잘못된 생활습관과 식습관 및 스트레스에서 발생할 수 있다. 정신적 스트레스가 누적되면 자율신경이 제 기능을 하지 못해 두피에 혈액공급이 원활하지 못하게 된다. 혈액순환 장애로 인한 말초신경혈관 혈류량의 저하로 두피에 충분한 영양공급을 하지 못해 탈모가 유발되기도 한다. 또한 오랜 시간 잘못된 자세나 근육 경직, 흡연, 음주, 또한 마찬가지이며 유전, 호르몬의 불균형으로 피지의 이상분비, 비타민 부족에 의한 각화이상, 자율신경의 불균형, 위장장애 등 본인의 내적인자에 의해 문제성 두피가 되기도 한다.

2) 외부손상요인

외부손상요인은 물리적, 화학적, 환경적 손상요인으로 구분되며, 두피조직 체계가 파괴된 경우를 제외하면 내부요인에 의한 손상보다 외부 요인으로 인한 손상이 더 크다. 물리적 요인에 의한 손상으로는 잘못된 샴푸 방법으로 두피에 자극을 주거나 브러싱, 드라이 등으로 두피에 상처가 생겨 두피 민감화를 야기 시킨 경우를 말하며, 화학적 요인에 의한 손상으로는 화학약품과 두피의 화학반응으로 인해 발생하는 두피손상으로 부분 두피 과각화현상과 민감함을 동반하는 요인을 의미한다. 하지만 자신에 맞는 두피제품을 잘 선별하여 사용하면 충분히 개선될 수 있다. 환경요인에 의하 손상으로는 두피의 오염물질로 손상을 일으키므로 진행과정이 늦어져 손상정도를 한 번에 파악하기는 힘들지만 정기적으로 관리를 해주면 충분히 효과를 볼 수 있다.

두피의 손상은 단순하게 모발 형태변형에 그치지 않고 두피기능의 상실이나 탈모나 여러 가지 이상 장애로 연결되기 때문에 그 원인을 빨리 파악하고 조기에 대체해야만 한다. 두피는 한번 손상하게 되면 재생하기에 많은 시간이 걸리기 때문에 사전에 손상을 방지하는 것이 중요하다. 요즘에 본인 스스로가 진단할 수 있는 자가 두피테스트라는 것이 있는데 이는 유전적요인, 신체적 특징, 생활습관, 스트레스 등의 여부를 본인 스스로 체크하여 문제성 두피나 탈모가 될 수 있는 확률을 스스로 알아 예방할 수 있도록 위한 것이라고 보면 된다.

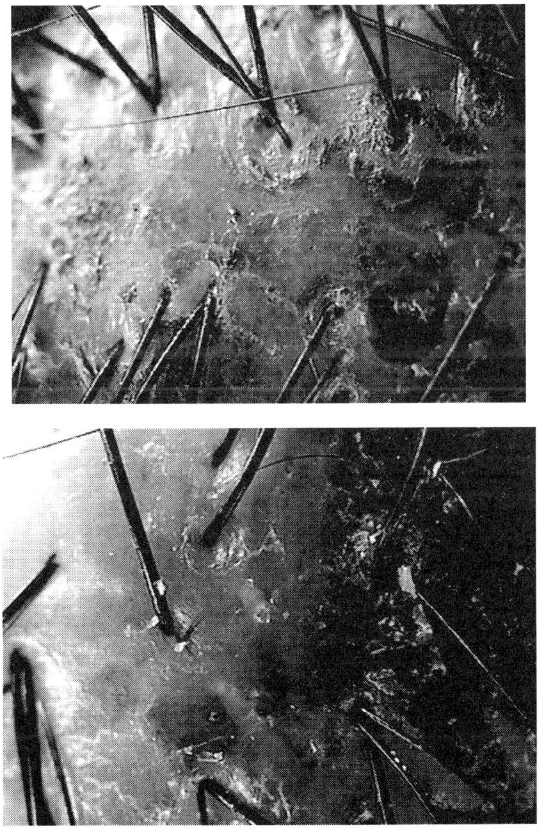

〈염색에 의한 손상 두피〉

Ⅱ

모발 생리

1. 모발의 정의

모발은 포유류 특유의 부속기관으로 단단하게 밀착된 각화세포로 이루어진 고형의 원추섬유이다. 포유동물의 전신을 둘러싸고 있는 털은 보호, 보온, 촉각의 기능을 갖고 있으며, 우리의 몸에도 손, 발바닥, 입술, 등을 제외한 전신에 분포되어 있다. 털이 난 부위에 따라 모발, 수염, 액모, 음모, 체모 등으로 구분되며 굵기에 따라 연모, 경모로 나뉜다. 두피에 분포하고 있는 모발은 모세혈관으로부터 혈액공급을 통해 영양분을 공급받아 세포분열의 과정을 거쳐 모공 밖으로 나온 단백질 필라멘트이다. 모발은 피부표면에 나와 있는 부분인 모간(hair shaft)과 피부 내부에 있는 부분인 모근(hair root)으로 나뉜다. 눈에 보이는 모간의 털은 생화학적 활동을 나타내지 않으며 "죽은"것으로 간주된다. 가장 안쪽의 영역인 모수질, 중간부의 모피질, 바깥쪽으로 모표피 등 크게 3개의 영역으로 구성되어 있다. 모발은 태양광선으로부터 두피를 보호하며 한냉, 마찰을 막아주는 신체보호의 역할을 하고 모낭의 지각 신경체는 촉각을 전달하며, 땀이나 신체에 유해한 중금속인 비소, 수은 등을 체외로 배출하는 기능 뿐만 아니라 인체를 장식하는 기능도 갖고 있으므로 현대사회에서 외적 이미지를 표현하는 중요한 수단 중 하나이다.

2. 모발의 구성요소

모발은 18종의 아미노산으로 구성된 단백질이 80-90%를 차지하고 있으며, 멜라닌 색소, 지질, 미량원소, 수분 등으로 구성되어 있다. 또한 또한 단백질은 탄소 45%, 산소 28%, 질소 15%, 수소 7%, 유황 5%의 구성요소가 함유되어 있다.

아미노산의 종류		함유량(%)
산성 아미노산	글루타민산	15.00
	아스파라긴산	7.27
중성 아미노산	알라닌	4.40
	글리신	6.50
	이소루신	4.80
	메티오닌	0.71
	류신	11.30
	시스틴	13.72~16.00
	프로린	6.75
	트리토판	0.70
	티로신	5.80
	페닐알라닌	3.70
	발린	4.72
	트리오닌	6.76
	세린	9.41
염기성 아미노산	리신	3.30
	아르기닌	10.40
	히스티딘	0.70

3. 모발의 발생과 성장주기

1) 모발의 발생

모발은 포유동물만이 가지고 있는 피부의 부속기관으로서, 발생학적으로는 피부표피의 하향식으로 생긴 것이다. 그러므로 모든 사람들은 모발을 가지고 있다. 모발의 발생은 태내(胎內)에서 피부의 기저층에서 이미 형성되기 시작하며, 이 세포를 배종세포라 한다. 배종세포는 모낭을 만들기 위하여 이동하여 모포(Hair Follicle)가 되는 것이다. 이때 피지선과 입모근이 만들어지기 시작하고 모포(毛胞)의 밑 부분에서 모유두가 형성되기 시작한다.

표피는 태생 초기(6~7주)에는 1층의 세포가 생기며 태아의 개월 수가 진행됨에 따라 안쪽으로부터 배아층, 중간층, 주피의 3층으로 구성된다. 배아층은 성숙된 표피의 기저층에 중간층은 말피기층에 해당되고 주피는 양막의 일부로 여겨지며, 발육과 함께 탈락되고 태아가 12~14주쯤 되면 중간층은 3~4층이 되면서 더욱 두꺼워진다.

모낭이 형성되는 과정을 살펴보면, 표피의 배아층의 세포가 모여 촘촘한 집합체를 만든 모아의 세포군이 분열을 일으켜 성장과정을 거치며 모아형성의 전단계인 전모아기(hair pre-germ stage), 모아기(hair germ stage), 모항기(hair peg stage), 모구성모항기(hair vulvous peg stage)를 거쳐 모낭이 된다. 모낭형성의 최초의 징후는 표피의 배아층, 즉 기저층의 원주상의 세포핵 집합이며, 이것이 모낭 최초의 출발점이 되는 것이다. 전모아기는 급속하게 모아기로 이행되어 배아층 세포는 진피층으로 들어간다. 이 단계가 모아단계이며, 발달된 중간층 세포는 바깥을 둘러싸고 있는 배아층세포 속으로 진입하여 모아의 중심부를 형성해 나가는 것이다. 모아는 맨 끝 부근에 있는 간엽성 세포집단에 의해 끌려오듯이 진피 내에 침입하여 1개의 기둥이 있는 듯한 형태가 이루어지는데, 이 단계를 모항기라 한다.

모항기가 지나고 기둥의 끝은 약간 둥글어지고 중앙부에 요철이 발견되어지는데, 요철 속에 함께 하강한 간엽성 세포집단이 최초의 모유두가 된다. 모낭의 기둥 후면에는 독립된 2개의 세포집단이 모낭의 상부와 하부로 부풀어 있는데, 상부는 피지선이 근원이 되고 하부는 입모근이 부착하게 된다. 모낭의 끝에 둥글게 된 것을 모구(Hair Bulb)라 부른다. 이 단계의 모낭을 모구성 모항기라 부르며, 발달된 모낭은 모발조직으로 각 부분으로 분화되어 간다. 모발은 모구의 모모기 중앙부근에서 세포의 각화현상에 의하여 만들어진다.

세포들이 위쪽으로 이동하는 과정의 하나가 각질화이다. 각질화가 이루어지면 모모세포에서 만들어진 모세포는 방추형으로 변화되며 더 이상 생명력이 없다. 각질화는 세포가 위쪽으로 이동하여 모양이 바뀌며 건조하게 되어 케라틴 단백질을 형성시키며 천천히 성장, 발달하여 한 가닥의 모발이 만들어진다.

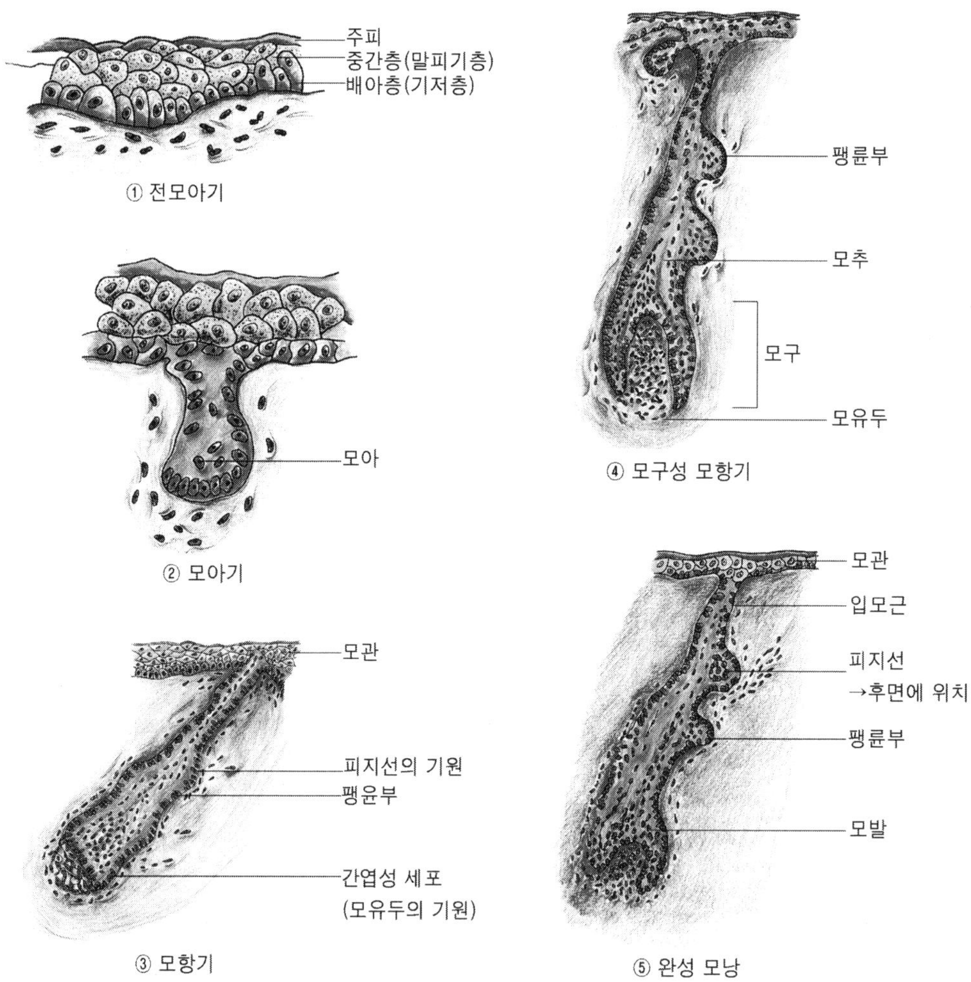

① 전모아기

② 모아기

③ 모항기

④ 모구성 모항기

⑤ 완성 모낭

2) 모발의 성장주기

모발은 끊임없이 성장하는 것이 아니며, 어느 정도 모발이 성장하면 쉬는 시기가 있다. 또한 탈모되어 일정기간 그 상태로 멈추며, 다시 그곳에 모발이 나는 것이 계속 되풀이된다. 모발은 모유두가 없으면 성장할 수 없다.

사람의 모발은 개개인의 헤어 사이클을 가지고 있기 때문에 탈모와 성장이계속 반복된다. 모유두의 수는 태어날 때 이미 결정되어지며, 그에 따라 모발의 수가 결정된다. 유전자가 모발의 성장단계를 결정하고 모유두는 모세혈관과 신경에서 영양을 공급받아 성장한다. 모유두는 계속해서 활동하지 않고 어느 정도 활동을 하다가 일시적으로 활동을 멈췄다가 다시 활동을 시작한다. 모유두가 활동이 왕성해서 성장기 단계인 아나겐(Anagen Stage), 퇴화기 단계인 카타겐(Categen Stage), 휴지기인 텔로겐(Telogen Stage), 발생기 단계인 뉴 아나겐(New Anagen Stage)을 거쳐 성장과 탈락을 반복하는 것을 모발의 주기(HairCycle)라고 한다. 모발의 주기는 개인의 영양상태 등에 영향을 받는다.

(1) 성장기(Anagen Stage)

성장기 단계는 전체 모발의 80~90%가 이 시기에 속한다. 모구에서 모유두의 활동이 왕성하게 세포분열을 하는 시기로 모발이 빠른 속도로 자란다. 성장기 모발은 대략 전체모발의 80~85% 이며, 남성 3~5년, 여성의 경우 4~6년 정도 성장이 지속된다. 성장기 기간 동안 대략 100cm 정도 자라지만 150cm 이상까지 성장할 수도 있다. 일반적으로 모발은 한 달에 약 1~1.5cm 정도 자라지만 개인의 건강상태, 즉 음식물, 호르몬, 비타민, 연령, 계절, 질병의 유무, 유전인자 등에 의해서 영향을 받는다.

(2) 퇴화기(Categen Stage)

퇴화기는 성장기가 끝나고 모발의 생성이 점점 느려져 결국은 성장이 멈추는 시기이며, 퇴화기에는 모든 세포의 분열이 중지된다. 성장기를 거친 모발은 생성이 느려져 모발을 더 이상 만들어 내지 않으며, 모유두와 모구부가 분리되어 모낭이 위축되고 모근은 위쪽으로 밀려 올라간다. 퇴화기 단계는 1~2개월 동안 지속되며, 물질대사가 천천히 일어나고, 모구의 기저부가 피부의 표피 쪽으로 이동하는 단계이며, 전체 모발의 약 1% 정도가 속하게 된다.

(3) 휴지기(Telogen Stage)

퇴화기를 거쳐 모발성장의 마지막 단계인 휴지기에 이르면 성장은 멈추고 모낭과 모유두는 완전히 분리되며, 모낭은 위축되어 더욱 더 위쪽으로 올라가 모발이 빠지게 된다. 모발의 주기에서 휴지기 말경이 되면 이미 새로운 모발의 발생기에 들어서게 된다. 다음 성장기가 시작될 때까지 휴지기 단계의 수명은 2~4개월 동안 지속된다. 휴지기 단계는 전체 모발의 4~14%가 해당되며, 성장이 완전히 정지되어 모구의 기저부는 위축되어도 모발이 즉시 빠지는 것이 아니며, 한동안은 두피에 머물러 있다가 강한 브러싱 등의 마찰에 의해서 쉽게 빠진다.

(4) 발생기(New Anagen Stage)

휴지기가 끝나면 휴식을 취한 모유두는 활동이 활발해지면서 다시 새로운 모발을 모유두가 만들기 시작하고 발생기가 시작된다. 신생모발이 성장하게 되고 모구부와 결합하여 세포분열은 왕성해지면서 휴지기에 머물고 있던 모발은 밀려서 완전히 두피 밖으로 빠지게 된다. 이처럼 모발은 각각의 독립된 모발의 주기를 갖고 있으므로 성장기, 퇴화기, 휴지기, 발생기의 4주기인 모발의 주기가 다르며, 탈모와 발모가 계속된다. 이로 인하여 모발을 자르면 모발은 다시 자라는 것이다.

일반 동물의 털은 털갈이의 계절이 오면 같은 모주기를 갖고 있으므로 한꺼번에 털갈이 현상이 일어난다. 그러나 사람의 경우는 모발 하나하나가 독립된 모주기에 따라 모발의 주기가 다르기 때문에 다른 모발에 관계없이 독자적으로 털갈이를 하고 있어서 모발 하나가 빠지면 다른 모낭에서 새로운 모발이 생겨 어느 정도 같은 모발을 간직할 수 있게 되는 것이다. 또한 사람은 독립된 모주기에 따라 모발의 주기가 다르기 때문에 자연적인 교체에 의해서 빠지는 모발을 자연탈모라고 하고, 환절기 모발의 탈모 수는 보통보다 많다.

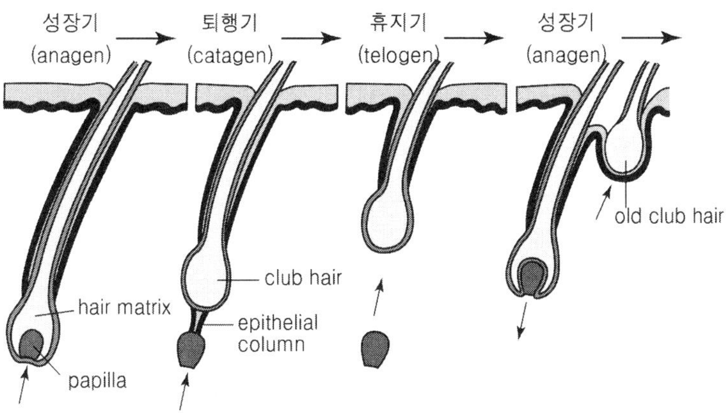

3) 모발의 성장속도

모발의 성장속도는 연령과 건강상태에 의해 변화되고, 또 개인 차이가 많다. 10대까지는 성장속도가 빠르지만 20대 이후에는 점점 느려지게 되어, 즉 20대 이후부터 건강한 모낭의 수가 현저히 줄어든다고 볼 수 있다. 40대가 되면 태어날 때 가지고 나온 모낭수의 반밖에 존재하지 않게 되므로 나이가 들면 모발의 숱은 듬성해지고 모량이 적어지면서 모질은 약해지는 것이다. 모발의 종류에 따라서 성장기, 휴지기 비율의 차이가 난다. 예를 들면, 턱수염은 모발의 성장비율과 비슷한 2~3년이다. 음모의 성장은 하루에 0.2~0.3mm이고 그 수명은 1년~2년 정도이다. 눈썹과 속눈썹의 수명은 비교적 짧아 성장기는 약 3~5개월이다. 속눈썹 중에서도 윗 속눈썹은 아래에 비해 굵고 수명도 약간 길다. 아랫 속눈썹의 수명은 3~4개월 정도이며, 눈썹과 속눈썹의 휴지기는 약 9개월 정도이다. 솜털은 특정 부위를 제외하고 전신에 분포되어 있으며, 두께는 0.02~0.04mm로 색소가 적고 수질이 없다. 길이는 1.3cm 이하이고 수명은 2~4개월이다.

연령이 많아질수록 성장이 완전히 정지된 휴지기 단계의 모발을 많이 가지게 되고, 건강한 사람은 일반적으로 휴지기 단계의 모발을 20% 이하 소유하고 있다. 보통 10~15만개의 전체 모발 수에서 6%가 휴지기 상태에 있고 약 1%가 퇴화기, 그리고 나머지가 성장기에 있으며, 교체주기인 성장기 단계에서는 새로운 모근이 형성되며 옛 모근이 떨어져 나가기 시작한다. 퇴화기 단계에서는 옛 모근이 밀려서 모낭을 위쪽으로 움직이기 시작한다. 휴지기 단계에서는 윗 모발 줄기가 방출되어 떨어지며, 체세포분열로 인하여 다시 자극받아 새로운 모발을 생성시켜 주는 발생기인 모발의 주기가 다시 시작된다. 병이나 필수 비타민과 미네랄의 결핍도 모발의 성장에 영향을 미칠 수 있으며, 인체의 생리적인 상태에 변화를 주는 모든 조건들이 모발성장에 영향을 미친다.

예를 들면, 여성들이 출산 후 모발이 빠지는 것을 경험하는데 원인은 간단하다. 임신 중에는 호르몬 이상으로 모발의 성장기가 길어졌다가 출산 후 호르몬이 정상으로 돌아오면 모발들이 일제히 휴지기에 들어가는 것이다. 많은 여성들이 분만 후 탈모에 대하여 고민을 하지만 모발의 양이 임신 전 상태로 돌아가는 데 걸리는 시간은 그리 길지 않다. 질병으로 인한 약물복용도 휴지기를 자극하거나 비정상적인 모발이 생산되므로 모발의 성장에 영향을 미칠 수 있다. 그러므로 우리는 고객이 모발 서비스를 받기 전에 질병이나 약물복용 여부를 알아보는 일도 매우 중요하다.

4. 모발의 구조

모발은 표피에서 외부로 나와 있는 영역으로 모간(hair shaft)이라고 하며. 모발은 모낭 내에서 완전히 만들어져서 두피 밖으로 나온다. 모발의 두개골을 보호하며 다양한 헤어디자인에 활용되는 부분으로 외모에 영향을 미치는 영역이다. 모발의 형태는 표면이 규칙적으로 조밀하게 각질세포가 배열되어 있으나 모발이 자라면서 내·외부 환경적 요인으로 손상이 되면 각질세포의 규칙성이나 조밀성의 박리나 탈락으로 인하여 모발이 거칠어지고 모발 끝이 갈라지는 등 다양한 형태를 보인다. 모간의 모발은 혈관과 신경이 없고 세포분열이나 각화과정이 이미 끝난 케라틴 단백질로 구성되어 있다. 모발의 기본구조는 크게 바깥쪽으로부터 모표피(Cuticle), 모피질(Cortex), 모수질(Medulla) 순으로 구성되어 있다. 가장 안쪽의 영역인 모수질은 가는 모발에는 존재하지는 않으며 개방적이고 구조화되지 않은 영역이다.

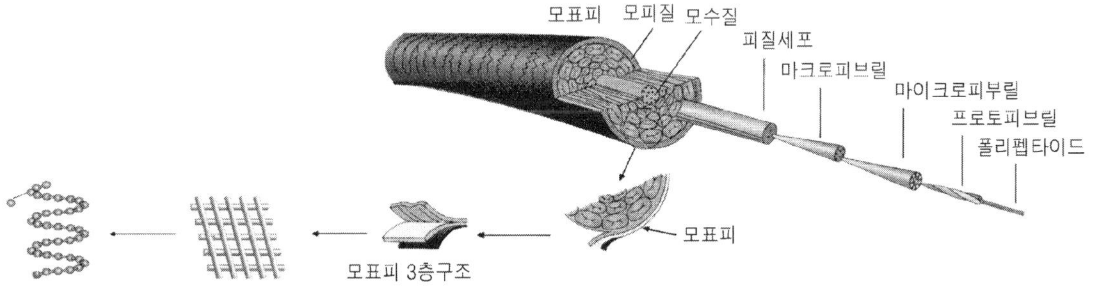

1) 모표피

모표피(Cuticle)는 모발의 내부를 감싸고 있으며, 모발의 최외각층에 위치하며 무색투명하다. 또한 핵이 없는 세포로 구성되어 있고 모발의 10~15%의 비율을 차지한다.

큐티클층은 딱딱한 경케라틴이라는 단백질로 구성되어 있다. 큐티클층의 겉면은 투명한 물고기 비늘처럼 또는 기와 지붕모양처럼 세포가 두피에서 모발 끝 방향을 향해 배열된 모발 특유의 모양으로 5~15장 정도 겹쳐져 있으며, 세포막복합체(Cell membrane complex, CMC)에 의해 접착되어 있다.

건강한 모발은 비늘상태가 규칙적으로 겹쳐져 있으므로 광택이 있고 단단해 보이며 외부의 자극에도 손상을 적게 받는다. 큐티클층은 모발 내부를 감싸고 있어 모발을 외부 자극으로부터 보호하고 화학적 저항이 강한 층이다. 손상된 모발은 바로 큐티클층의 손상을 의미하며 한 번 손상된 모발은 자체의 재생능력이 없다.

모표피는 기름과의 친화력이 강한 친유성으로 물과 약제의 침투에 대한 저항력은 강하나 기계적인 자극에는 약한 편이다. 물리·화학적인 자극으로부터 모표피의 손상, 박리, 탈락 등이 발생되면 모피질은 손상을 받게 되는 것이다. 모표피가 차지하는 비율은 전체의 10~15% 정도로서 %가 많을수록 모발은 단단하고 투명, 습윤, 광택, 마찰에 대한 강도가 높다.

모표피의 문리상태에 따라 모발의 손상 정도를 측정할 수 있다. 모표피의 손상이 클수록 화학성분의 흡수를 쉽게 하며 알칼리와 접촉하면 팽윤되어 모표피가 열리고 산과 접촉하면 단단하게 폐쇄된다. 모표피 세포는 3개의 층으로 나눌 수 있는데 섬유의 외층으로부터 케라틴(Keratin) 함량이 많고 화학적 저항성이 높은 층인 최외표피(Epicuticle)와 외표피(Exocuticle), 내표피(Endocuticle)로 구성된다.

① 최외표피(Epicuticle)

최외표피층은 약 100Å의 얇은 막으로 되어있어 수증기는 통과하고 물은 통과하지 못하는 아주 미세한 구조로 되어있다.

다당류, 단백질 등이 견고하게 결합되어 있고, 딱딱하고 부서지기 쉽기 때문에 물리적인 작용에 약하며, 이 층은 아마노산 중 시스틴 함유량이 많고 각질 용해성 또는 단백질 용해성의 약품에 대한 저항성이 가장 강한 층이다.

② 외표피(Exocuticle)

큐티클층 구조의 2/3를 차지하며, 시스틴 함량이 풍부한 비결정질의 케라틴이다. 외표피는 단백질 용해성 약품에 대한 저항성이 강하지만 시스틴 결합(S-S결합)을 절단하는 약품에는 약하기 때문에 퍼머넨트 웨이브제(Permanent Wave)의 작용을 쉽게 받는다.

③ 내표피(Endocuticle)

모표피의 가장 안쪽에 있는 층으로서 각 비늘은 세포질 복합체의 얇은 층이며, 시스틴 함량이 적은 케라틴 단백질이고 케라틴 침식성 약품에는 강하지만, 단백질 침식성의 약품(친수성, 알카리성 용액)에는 약하다. 이 층은 양면접착테이프와 같은 층으로 세포막 복합체(Cell Membrane Complex, CMC)가 있으며 모피질 세포간의 2개의 단위세포막이 융합해서 생긴 것이다. 구조는 3층으로 되어있고 단백질과 지질을 포함하고 있는 단위세포막이다.

2) 모피질

각질화 변성이 모수질보다 더 진행된 부위로서 모표피와 모수질 사이에 섬유모양으로 위치한다. 모피질(Cortex)은 모표피 내측에 위치하고 피질세포와 세포 간 결합물질로 구성되어 있다. 이것은 각화된 케라틴 단백질의 피질세포가 모발의 방향으로 비교적 규칙적으로 나열된 세포집단이며, 모발의 85~90%를 차지하고 있다. 모피질 세포는 중앙에 핵의 잔사가 있고, 세포의 중심부근에 섬세한 공간이있다. 섬유의 다발이 모여 전체가 조금 비틀려 있으며, 세포막은 거의 소멸되어 세포와 세포 사이는 케라틴이라는 간충물질로 서로 강하게 연결되어 있다.

세포의 길이는 약 100㎛, 직경이 1~6㎛로 가느다란 섬유상으로 되어 모발의 모피질을 이루고 있다. 모피질은 멜라닌색소 입자를 함유하고 있으며 친수성 부분으로 모피질(Cortex)의 물리적 형태에 따라 약제의 작용을 쉽게 받기 때문에 퍼머넨트나 컬러링과 관련이 있으며, 탄력, 강도, 감촉, 질감, 색상(멜라닌색소)을 좌우하고, 모발의 성질을 나타내는 중요한 부분이다. 모피질의 물리적 구조는 수 백만 개의 경케라틴 섬유가 엉키어 모발의 굵기를 형성하며, 폴리펩티드(Polypeptide, 아미노산 다중결합) 구조를 하고 있다.

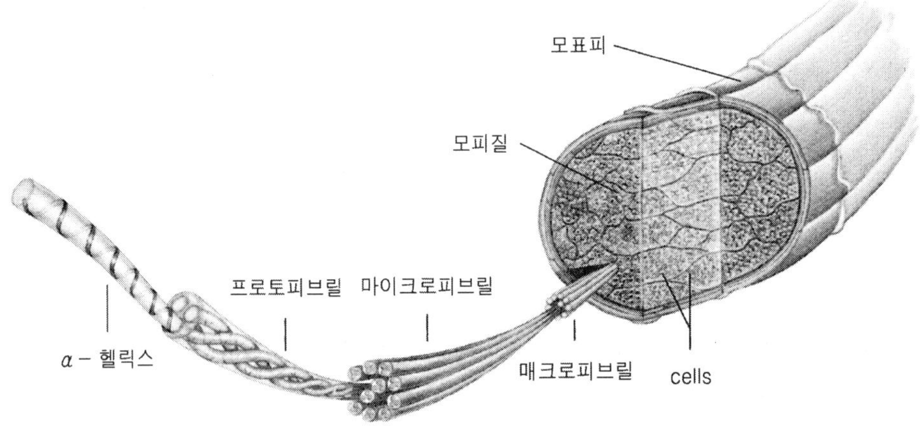

(3) 모수질

모수질(Medulla)은 모발의 중심부에 위치하고 동물의 보온과 관계되는 것으로 알려져 있다. 모수질은 공동으로서 공기를 머금고 있어서 공기의 양이 많으면 많을수록 모발에 광택을 준다. 모수질은 공동으로 가득 찬 벌집 모양의 다각형의 세포가 길이 방향으로 나열되어 있으며, 직경 0.09mm 이상의 대체적으로 굵은 모발(경모)에는 모수질이 있고, 0.07mm 이하의 아주 가는 모발(연모)에는 모수질의 거의 없다. 일반적으로 모수질이 많은 모발은 퍼머넨트 웨이브제가 강하게 나오고, 모수질이 적은 모발은 퍼머넨트 웨이브제 형성이 어렵다고 알려져 있다. 그 이유는 퍼머넨트 웨이브제가 모발 표면에서 모발 내부를 향해 계속 침투하는데, 모발 중심부가 비어 있으면 퍼머넨트 웨이브제 작용이 강하게 되어 웨이브 형성이 되기 쉬운 조건을 만들어 주기 때문이다.

모수질은 모섬유 전체에서 비교적 큰 비율을 점유한다. 그러나 인모의 경우에는 모발 전체의 몇 %에 지나지 않으며, 전혀 존재하지 않거나 모축을 따라서 연속적으로 또는 불연속적으로 존재하고, 모발의 화학적·물리적 특성에 기여하는 바가 없는 것으로 알려져 있으며, 모수질의 성분과 기능 등에 대해서는 정확하게 해명되지 않고 있다.

***세포막복합체**(Cell membrane complex, CMC)

모표피와 모표피 층간, 모피질 내의 모피질세포간을 접착시켜주는 세포간충물질로 400-600 Å의 두께를 가지고 있으며 시스틴 함량은 약 2 %로 매우 적다. 모표피의 세포간충물질 중심부는 약 100 Å의 α-layer가 있으며 이 층을 세포간접착물질이 약 50 Å의 두께로 둘러싸여 있다. 세포막복합체는 모발섬유 전체의 15 %를 차지한다. 세포막복합체는 비결정질 조직으로 연성이 좋으며 결정질 조직과는 상이한 화학반응을 일으킨다. 모발조직에 따라 세포막복합체를 세분화하면 모표피의 scale과 scale을 연결시켜주는 세포간결합물질을 세포간접착물질(intercellular cement)이라 하고, 모피질세포간 결합물질은 세포막복합체(cell membrane complex)라고 한다. 그러나 일반적으로 모표피에서나 모피질에서의 세포간결합물질을 세포막복합체라고 한다.

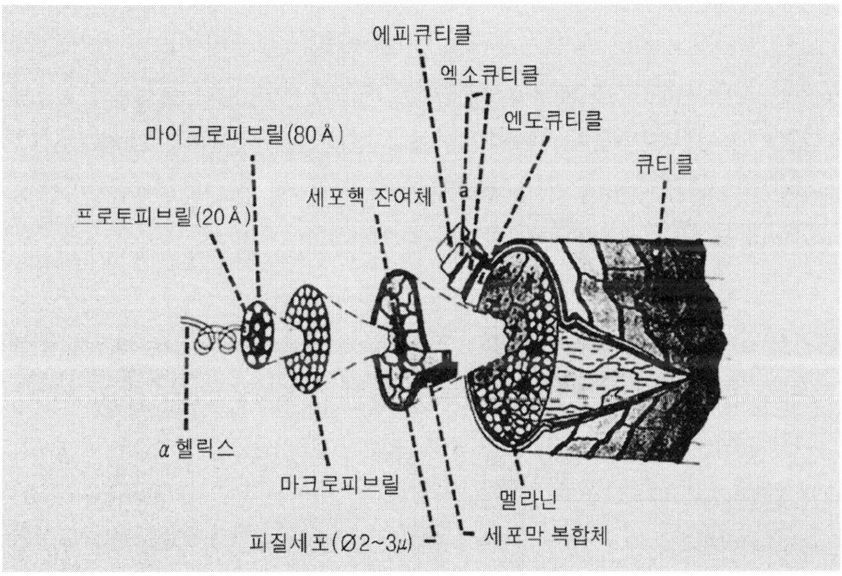

5. 모발의 종류

모발은 인종, 나이, 성별, 개인에 따라 굵기와 형태가 다양하다. 굵기에 따라 취모(lanugo, 배냇머리), 연모, 경모로 구분할 수 있으며, 형태에 따라 직모, 축모, 파상모로 구분한다.

1) 모발 굵기에 따른 분류

모발의 굵기는 연령, 환경, 건강상태, 탈모 진행 정도, 인종, 성별 개인에 따라 다르다. 가는 모발의 경우 직경이 0.05~0.07mm 정도이고, 보통은 0.08~0.09mm, 굵은 모발은 0.1~0.15mm 정도이나 동양인의 경우 모발 두께는 약 0.05~0.15mm 정도이다. 보통 굵은 모발은 단단하고 가는 모발은 부드럽다. 동양인의 경우 모피질 층이 가늘고 모표피 층이 두꺼운 반면, 서양인은 모피질 층이 두껍고 모표피 층이 가늘어 모발이 부드럽다. 취모는 모표피가 없는 모발로써 태아의 모낭에서 처음으로 생성되며 색소가 없고 솜털같이 부드러우며 굵기는 0.02mm 정도이다. 보통 임신 16주 때 나타나 태아기 7~8개월째 모두 빠지지만 때로는 취모가 남아있는 상태로 태어나서 몇 주 안에 사라지기도 한다.

연모(Vellus hair)는 취모와 매우 비슷하며 색깔은 연한 갈색으로 모수질이 존재하지 않는 모발로 0.03mm 이하이다. 입술, 귀 뒤, 손바닥, 발바닥, 일부 외부 생식기 부위, 배꼽, 흉터 등을 제외하고 전신에 분포되어 있으며, 개별적 또는 불규칙하게 다양한 길이 (2~4cm)의 자란다. 이러한 불규칙성은 유전학의 영향을 받으며 평생 지속된다. 두피의 연모는 생후 5~6개월 지나면 서서히 경모로 변화하기 시작하면서 모발은 색이 짙어지고 두께가 증가하여 모발이 풍성해진다. 체모는 사춘기 즈음에 음부, 입술 위, 겨드랑이, 그리고 턱과 같은 부위에서 경모로 대체된다.

경모(terminal hair)는 단단한 단백질의 결합으로 이루어져 있으며 연모와는 달리 굵고 색이 짙은 형태이며 모수질이 존재한다. 직경 0.06mm 이상으로 사춘기 이후 남성호르몬 수치가 증가하면서 인체의 특정 부위에서도 나타나기 시작한다. 경모는 성장 시기, 부위 그리고 성별에 따라 다르고 30대 이후 점차적으로 다시 연모화가 시작되며, 남성형 탈모의 경우에는 연모화가 나이와 상관없이 급속히 진행되며 심하면 대머리 형태를 보인다.

2) 모발의 형태에 따른 분류

모발에는 인종 차나 개인차가 크다. 모발의 형태는 일반적으로 직모, 곡모, 축모의 세 종류로 분류되고 유전성과 민족적 특성에 따라 다른 모양을 하고 있다. 한국 및 일본인은 직모 92%, 곡모 2.3%, 축모 5.7%로 알려져 있다. 이와 같은 현상은 모낭안에 존재하는 모기질세포의 단백질 합성 속도나 세포의 분열 속도에 따라 형태가 결정되기 때문이다. 직모(straight hair)는 웨이브가 없이 직선형태로 나온 모발이며 모모세포간의 동일한 세포분열이 이루어져 모발 횡단면이 원형에 가깝고, 대부분 황인종에게 많다. 모발의 형태 중 동양인의 모발은 검고 직모 이미지가 있으나 실제로 곧은 모발을 갖은 사람은 전체의 5% 정도 뿐이고, 파상모와 혼합되어 반 곱슬모발인 사람과 곱슬모발인 사람이 대부분을 차지한다.

파상모(curly hair)는 유전적 요인, 직모와 축모의 중간 형태로 타원형의 모발 단면을 띠며 웨이브가 있는 모발로 가늘며 물결모양이다. 대부분 백인종에게 많이 나타난다. 또한 축모(kinky hair)는 곱슬한 구상모이고 횡단면이 납작하거나 부정형으로 주로 흑인종에게 많이 볼 수 있다.

모발의 단면을 보면 원형, 타원형, 그리고 편평한 것이 있으며, 단경(최소직경)과 장경(최대직경)으로 나눈 값(모경지수)에 의해 구분된다. 모경지수가 1이면 완전한 원형이 되고 이보다 작을수록 타원형에서부터 편평한 형태로 된다.

따라서 단면의 형태인 직모는 원형, 파상모는 타원형, 축모는 편평한 형태에 가깝게 된다.

6. 모발의 특성

1) 모발의 화학적 특성

모발섬유는 핵이 없는 각질세포로 구성되어 있으며 생물학적으로 죽은 상태이다. 모발의 성분은 대부분이 케라틴이라는 경단백질로 구성되며, 경단백질은 18종의 아미노산으로 이루어져 있다. 그 밖에 일부 멜라닌, 지방질, 수분, 무기질 성분을 포함하고 있다.

(1) 단백질의 구조

단백질은 cysteine함량에 따라서 연단백질과 경단백질으로 구분한다. 연단백질은 cysteine함량이 약 10%인데 디설파이드 결합이 적은 피부 등의 단백질이 여기에 속한다. 경단백질은 cysteine이 약 10~14%로 디설파이드 결합이 많은데 사람의 머리카락과 손발톱 그리고 짐승의 뿔, 발굽과 양털이 이에 속하며 날짐승의 깃털 등도 여기에 속한다. 따라서 모발의 주성분 단백질은 케라틴 단백질이며 18 여종의 아미노산 성분이 폴리펩티드 결합을 하고 있다.

이러한 여러 개의 폴리펩티드는 디설파이드 결합, 수소 결합, 이온 결합 등에 의해 더욱 안정해지며 분자 사이즈가 큰 단백질로 고유기능의 작용을 한다. 디설파이드 결합은 가장 강한 형태의 결합 또는 화합이 모발 단백질의 물리적 및 화학적 성질에 크게 기여한다. 모발 케라틴에서의 이황화 결합은 폴리펩타이드 사슬에 대립하는 시스테인 분자의 이웃하는 티올 작용기 사이의 산화반응의 결과로 시스틴 분자를 형성한다. 경우에 따라서는 염 결합이라고 부르는 쿨롱 상호작용은 이온화된 산성과 염기성 곁사슬 잔기 즉, 음으로 하전된 카복실산 작용기(-coo—)와 양으로 하전된 아미노 작용기($-NH^+$) 사이에 작용하는 정전기적 인력이다. 두 가지 형태의 수소결합은 a-케라틴 구조에 존재한다. 한 가지 형태는 물분자(H_2O)와 수산기(-OH) 사이에서 형성되고 두 번째 형태는 아마이드와 카르복실기 사이에서 형성된다. 반데르발스 상호작용은 a-케라틴 섬유질의 사슬과 곁사슬의 공유결합에 어떠한 역할도 하지 못한다.

표백, 영구 염색, 영구 파마, 곧게 펴기, 태양 노출에 의한 광산화 표백(photo-oxidation bleaching) 그리고 수영을 통한 염소 산화 등과 같은 미용의 화학적 처리 과정 모두 a-케라틴 섬유질의 화학적 구조에 영향을 미친다. 이들 과정은 섬유질의 안정도를 제공하는 결합을 목표로 정한다. 화학적으로 변화된 섬유질은 처리되지 않은 섬유질과 구별될 수 있기 때문에 과학수사에 매우 중요하다. 경단백질은 강하고, 불용성이며 황을 함유하고, 모발의 구조 유지를 책임지는 Intermediate filament(IMF)를 형성하는 섬유 형태의 단백질이다. 모발에서 모피질은 섬유상 단백질의 Intermediate Filament들이 Matrix에 함유되어있는 구조를 가지고 있다.

Intermediate Filament는 결정형이 높고 나선형인 케라틴 단백질로 이루어져 있으며 Matrix는 비결정형의 비나선형 Keratin associated protein(KAP)로 이루어져 있다. KAP는 Cystein과 Proline이 풍부한 단백질로서 모피질의 구조를 지탱해 주는 시멘트 역할을 한다. 모발을 이루는 단백질은 아미노산의 종류와 함유량에 의해 성질이 달라진다.

(2) 아미노산 조성

아미노산(Amino Acid)은 원자의 혼합으로 구성되어 있으며, 고리 모양으로 연결되어 단백질을 형성하고 있다. 아미노산이 연결되는 순서는 각각이 나름대로 특별한 배열로 한 종류의 단백질을 만든다. 모든 단백질은 독특한 구조를 형성하고 있는 것이다. 단백질은 특정한 순서와 배열로 연결되어 있는 아미노산 분자로 형성되며, 아미노산이 모든 단백질을 만들어 낸다고는 하지만, 각각의 단백질은 조합하는 방식에 따라 모두 다르다. 모발은 단백질로 형성된 경케라틴으로 이루어져 있다.

모든 아미노산의 기본 구조식이 같으며, 아미노산은 한 개의 질소(N)원자에 두개의 수소(H) 원자를 포함하는 아미노기(-NH_2)와 한 개의 탄소(C)원자에 하나의 수소원자(H), 두 개의 산소원자(O)인 카르복실기(-COOH)를 가지고 있다.

아미노산은 탄소를 중심으로 아미노기와 카르복실기가 있으며 탄소는 항상 수소원자와 R기를 가지고 있다. 각각의 아미노산은 중앙의 탄소원자에 결합되어 있는 R기 배치가 다른 것이다. 여기서 "R기"란 분자의 어느 특정한 부위에 결합되는 화학그룹을 나타내는 것이다. 즉, 특정한 원자그룹을 지칭하며 R이 어떤 것이 되느냐에 따라 아미노산의 종류가 달라진다.

모발을 구성하는 경 단백질은 18종의 아미노산이 있으며, 산성 아미노산, 중성 아미노산, 염기성 아미노산으로 구성되어 있다.

① 산성 아미노산

산성 아미노산은 한 분자 속에 아미노기(-NH_2) 1개와 카르복실기(-COOH) 2개를 가진 아미노산이 되므로 산성이 강하기 때문에 산성 아미노산이 된다.

산성 아미노산으로는 아스파르트산(Aspartic Acid)과 글루타민산(Glutamic Acid)이 있다.

② 염기성 아미노산

염기성 아미노산은 한 분자 속에 2개의 아미노기(- NH_2)와 카르복실기 (- COOH) 1개로 염기성이 강하기 때문에 염기성 아미노산이라 부른다.

염기성 아미노산으로는 아르기닌(Arginine), 히스티딘(Histidine), 리신(Lysine)이 있다.

③ 중성 아미노산

중성 아미노산은 1분자 속에 1개의 아미노기(-NH2)와 1개의 카르복실기(-COOH)를 가지고 있다. 중성 아미노산에는 알라닌(Alanine), 글리신(Glycine), 이소류이신(Isoleucine), 류신(Leucine), 메티오닌(Methionine), 시스틴(Cystine), 페닐알라닌(Phenylalanine), 프롤린(Proline), 세린(Serine), 트레오닌(Threonine), 트립토판(Tryptophan), 티로신(Tyrosine), 발린(Valine)이 있다. 아미노산 한 분자에 알칼리성인 아미노기(-NH_2)와 산성기인 카르복실기(-COOH)를 하나씩 가지고 있어 균형을 이루면 중성 아미노산이라 한다.

아미노기(-NH_2)를 더 많이 가지고 있을 경우 염기성 아미노산, 카르복실(-COOH)기를 더 많이 가지고 있으면 산성 아미노산이라고 한다.

아미노산(-NH_2)의 아미노기와 다른 아미노산의 카르복실기(-COOH)가 축합반응을 하여 펩티드 결합을 형성하고, 펩티드 결합은 폴리펩티드를 형성하며, 폴리 펩티드의 다중결합으로 고분자 단백질이 생성된다. 그러므로 아미노산은 생물학적 기본단위로 중요하게 사용되고 있는 것이다. 아미노산은 긴 고리모양으로 연결되어 단백질을 형성하며, 잘 알려진 아미노산은 22종으로 모발 케라틴 단백질에는 약 18종의 아미노산이 발견된다. 즉, 아미노산이 연결되는 고리 또는 순서는 각 한 가지 단백질을 만든다. 또한, 어떤 단백질 구조를 이루기 위해 모든 아미노산은 반드시 필요하며, 제 순서대로 배열이 되어있어야만 한다. 필요한 아미노산 하나가 제 위치에 없어도 단백질 구조가 이루어질 수 없다.

(3) 모발의 화학적 결합

모발은 화학적 성분 간의 결합이 기반이 되어 이루어진 섬유성 다발이다. 그 결합은 주쇄결합(Main bond, 결정영역)과 측쇄결합(Said bond, 비 결정영역)으로 이루어져 있으며, 주쇄결합은 펩티드(Peptode) 결합이 세로로 자리 잡고 있으며 주쇄와 주쇄를 가로로 연결하여 측쇄결합에 의해 형태가 이루어진다. 측쇄결합으로는 시스틴 결합, 이온결합, 수소결합의 3종류가 있으며, 펩티드 결합은 주쇄 뿐만 아니라 측쇄의 화학결합에도 관여하고 있다.

① 펩티드 결합(peptidebond)

펩티드 결합은 아미노산 간의 결합을 의미하며 아미노산은 염기성 아미노기와 산성 카르복실기를 함께 가지고 있는 이작용기성이다. 이 결합은 아미노산 내에 -COOH기 산소원자(O)와 두 번째 아미노산 내에 -NH_2의 질소원자(N) 사이에서 물(H_2O)이 탈수되면서 -CO-NH-가 연결된 강한 결합을 말한다. 이러한-CO-NH-의 결합이 연결되어 분자량이 작으면 폴리펩티드라 하고 분자량이 매우 크면 단백질이라 부른다. 그리고 케라틴 분자는 약 4,000개의 폴리펩티드 결합으로 되어있다. 이 폴리펩티드 결합은 측쇄결합보다 더욱 강한 결합이기 때문에 가로로는 절단하기 어려우나 세로로는 절단이 용이한 것이 특징이다. 아미노산은 펩티드 결합이라고 알려진 주결합 끝에 결합되어 있다. 이와 같이 2개 이상의 아미노산이 탈수작용에 의하여 결합된 것을 펩티드라고 하는데, 궁극적으로 단백질을 형성하기 위한 것이며 이러한 결합이 되풀이 된다.

② 수소결합(Hydrogen Bond)

수소결합은 분자간의 힘이 다른 화학결합보다 훨씬 약하나 곁사슬 결합 가운데 가장 많다. 주쇄의 가운데 혹은 인접된 주쇄간의 산소(O)와 수소(H) 간의 인장력에 의한 결합으로서 모발 자체의 힘에 기여하는 것은 수소결합이다.

각 아미노산의 결합부에 있는 CO-NH(펩티드 결합)의 수소(H)가 가까운 산소(O)에 대하여 가지고 있는 힘을 말한다. 원자간의 전기음성도 차이가 크게 나면 양전하와 음전하

사이에 정전기적 인력이 크게 작용하여 분자간에 수소결합이 형성되는 것이다. 한 분자 내의 수산기(-OH) 중에서 양으로 극성을 띤 수소원자가 음으로 극성을 띤 산소원자와 약한 결합이다. 주쇄사슬 또는 인접한 주쇄 사이에 있는 산소(O)와 수소(H) 사이에 인장력으로 서로 당기는 힘이며, 산소(O)와 수소(H) 사이에 거리가 먼 경우 수분에 의해 주쇄간 결합이 쉽게 절단되지만, 건조하게 되면 재결합한다.

모발섬유의 측쇄결합은 수분이 들어가면 물에 쉽게 절단되지만 건조하게 되면 재결합하는 성질을 가지고 있다. 즉, 물의 분자가 수소결합을 절단하는 것이다.

모발의 탄성은 케라틴의 곁사슬 결합에 의한 것이 많으며, 수소결합이 곁 사슬 결합 가운데도 가장 많다. 한 개의 수소결합에 의한 인력은 특별히 강한 것은 아니지만, 모발 단백질에는 많은 수소결합이 있어 수소결합이 모여 단백질 고리를 만들고 모발에서 최대의 인력을 형성하게 되는 것이다.

모발에서 나오는 원천적인 힘의 약 35%가 모발을 구성하는 수 백만 개의 수소결합에서 나오며, 모발의 힘은 수소결합이 70% 정도가 관여하는 것으로 일반적으로 알려져 있다. 수소결합에 의한 헤어 디자인은 모발이 다시 수분을 가하면 컬이 없어져 버리기 때문에 일시적 세트라고 말한다. 수소결합 가운데에는 물만으로는 절단되지 않는 것도 있지만, 브롬산 리튬 등 용액을 가하면 절단된다.

③ 시스틴 결합(Cystine Bond)

시스틴 결합은 두 개의 황(S) 원자 사이에서 형성되는 일종의 공유결합이다. 모발섬유 내의 물리적·화학적 성질에 대한 안정성에 정도를 높여 주는 시스틴 결합은

유황(S)을 포함한 단백질에서만 발견할 수 있다. 시스틴 결합은 합성섬유에서는 볼 수 없는 모발 케라틴의 특징을 나타내는 중요한 결합이다. 모발 케라틴의 특징인 시스틴을 많이 함유하고 있으므로 모발의 안정성을 유지하게 해 준다.

기계적으로는 상당히 견고한 결합인 시스틴 결합은 측쇄결합 중에서 가장 강한 결합이므로, 간단하게는 절단되지 않으며 화학약품으로 처리해야만 끊어진다. 그러므로 모발에 있어서 환원제와 산화제를 작용시켜 퍼머넨트 웨이브 시술에 응용되고 있다. 시스틴(S-S) 결합을 이용하는 펌 시술을 살펴보면 시스테인(SH-HS) 결합은 두 황 원자사이에서 일어난다. 이를 이황화 결합(S-S)이라 한다.

환원이란 상대에게 수소를 주어 반응를 일으켜 수소를 빼앗아 버리는 것이다. 반면 산화란 산소를 주고 수소를 잃는 반응이다. 퍼머넨트 웨이브 시술을 할 때는 두 개의

시스틴(S-S) 사이의 이황화 결합은 환원제(H)를 이용하여 끊어 시스테인(SH-HS) 결합을 이루고 모발의 형태를 로드로 고정한 다음 산화제를 이용하여 시스테인(SH-HS) 결합을 끊어 주며 수소(H)는 산소(O)와 결합하여 H2O가 탈수되고 시스틴(S-S) 재결합이 일어나 원래의 모발상태의 이황화 결합으로 돌려 준다. 그러므로 모발에 화학적 시술이 지속되는 것은 이황화 결합의 강도를 이용한 것이라 할 수 있다.

④ 이온결합(Ionic bond, 염결합)

아미노산이 펩티드 결합을 만들때에 카르복실기와 아미노기가 각각 1개씩 사용되기 때문에 염기성 아미노산의 잔기에는 $-NH_2$ 1개, 산성 아미노산의 잔기 -COOH기가 1개 또는 여러 가지 잔기로서 남아 있기때문에 우연히 서로 이웃한 주 사슬간에 이 2개가 마주 보고 존재하면, 거기에 이 전기적 인력이 생겨 염결합(Ionic Bond)이 된다. 곁 사슬에 아미노기의 +와 카복실기 -가 이온적으로 결합한 것이 이온결합으로서 pH 4.5~5.5의 범위(등전점)일 때 결합력은 최대가 되고 케라틴은 가장 안정된 상태가 된다고 볼 수 있다.

모발의 pH에는 -COOH와 -NH2이 공존하기 때문에 마주 보고 존재하며 아미노산에 있는 음전하는 다른 아미노산의 양전하를 끌어 당길때, 전기적 인력이 생겨 염결합이 이루어진다.

염결합은 산과 알칼리 상태에 따라 pH가 등전점보다 산성측 혹은 알카리성측으로 기울어지는 만큼 결합이 약하게 된다.

이온결합의 수는 산(Acid)과 알칼리기 사이 인력이 작용으로 일어나므로 pH에 의해 큰 영향을 받는다. 모발 내에 수분의 pH가 등전점 이상의 알칼리성이 되면 -COOH의 전리는 촉진되고, $-NH_2$의 전리는 억제된다. -COOH의 상대방(+)이 없어지기 때문에, 이온결합은 약해진다. 역으로 등전점 이하의 산성으로 되면 $-NH_2$의 전리는 촉진되고, -COOH의 전리가 억제되어 이온결합은 절단된다. 그러므로 모발이 등전점일 때 결합력이 가장 강하고 강산이나 강알칼리에서 결합력은 약해지는 것이다. 모발은 등전점일 때 결합력이 가장 강하고 강산이나 강알칼리에서 결합력은 약해지며, 모발 모양이 변하는데, 35%가 이온결합에 영향을 받는다.

수소결합과 이온결합은 수분에 의해 결합력이 약해지므로 헤어디자인 시 새로운 모양을 만들고자 할 때 많이 이용된다. 왜냐하면 모발을 물에 적시면 결합력이 약해져 길이가 더 늘어나므로 이때 텐션을 주어 모발을 롤러에 감아서 드라이하면 단백질 고리 사이에 수소결합과 이온결합이 형성되므로 새로운 모발 세팅이 되는 것이다. 그러나 공기 중에 습기에 의해 쉽게 원래 상태로 돌아간다.

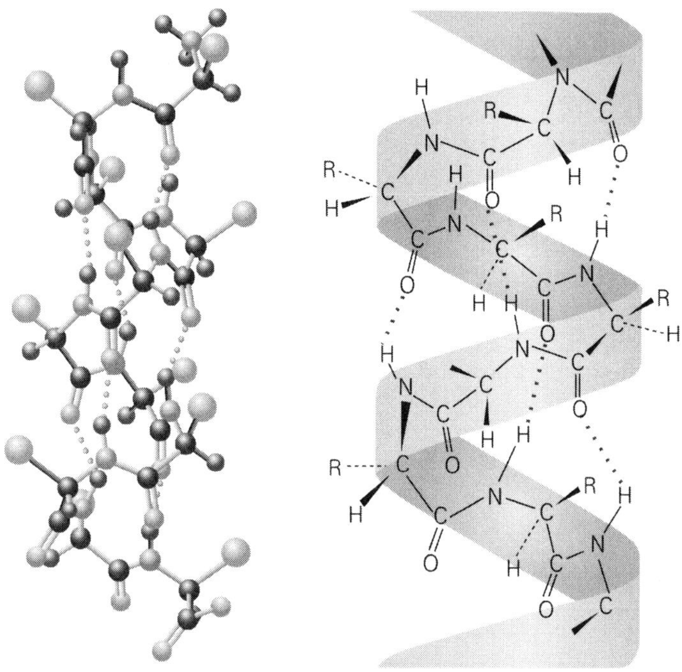

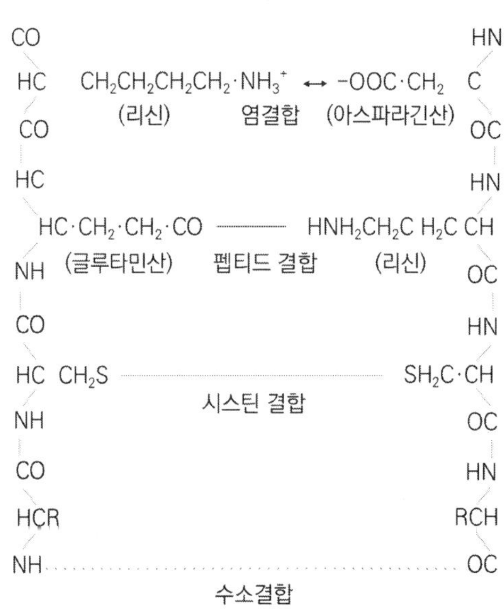

(4) 모발과 pH

pH란 수용액 속의 산성양이온 수소나 음이온인 알칼리성인지를 말해주는 농도를 가리키는 측정단위이다. 즉, pH는 용액 속에 산, 알칼리를 측정하는 양을 말하는 것이다. 여기서 명심해야 할 것은 물과 물속에 녹아 있는 양이온 수소(H^+)를 많이 포함하고 있는 용액을 산성, 음이온 수산화물(OH^-)를 보다 많이 생성하는 용액을 알칼리성이라고 부른다는 것이다.

$[H^+]$ 〉 $[OH^-]$ 산성
$[H^+]$ = $[OH^-]$ 중성
$[H^+]$ 〈 $[OH^-]$ 알칼리성

물 중에서 (H^+)와 (OH^-)의 적(摘)은 항상 일정하여 한쪽이 증가하면 한쪽은 감소하는 법칙이 있다.

pH를 나타내는 수치는 0에서 14까지이며, 7을 중성으로 본다면 양이온과 음이온이 균일하게 포함된, H^+과 OH^- 농도가 같다. 농도가 7보다 크게 되면 알칼리성을 나타내고 7보다 낮으면 산성을 나타낸다. pH 수치에서 한 단위가 증가할수록 양이온인 수소이온이 10배씩 감소하게 된다. 즉, 각 단계 또는 pH 수치는 10배의 배수로 증가하는 대수(代數)인 것이다.

예를 들면, pH4는 pH5보다 10배 높은 산성이다. pH 수치에서 두 눈금자 차이는 10×10이 되는 것이다. pH 수치가 1씩 증가하거나 감소한다는 뜻은 결국 수소이온농도가 10배 짙어지거나 약해진다는 것을 말한다. 산성물질 또는 알칼리성 물질이라고 하는 것은 산성물질은 물 중에 전리하여 H^+를 생성하는 것이며, 알칼리성 물질은 물 중에 전리되어 OH^-을 생성하는 것이다.

아미노산, 단백질, 핵산 등 양쪽성 전해질에서 분자의 전하는 용매의 pH에 의해서 가장 뚜렷하게 변화한다. 이들 용액의 전기이동 현상에서 분자의 이동은 pH와 관계가 있으며, 적당한 pH에서 이동은 0이 되고 이때 pH를 양쪽성 전해질의 등전점이라고 한다.

단백질 수용액에서는 매질의 pH가 일정한 값보다 작아져서 산성이 되면 보통 카르복실기가 감소하여 아미노기가 보다 많이 이온화하므로 분자는 양전하를 얻어 양이온이 된다.

반대로 pH가 일정한 값보다 커져서 알칼리성이 되면 카르복실기가 강하게 이온화하여 음이온이 되는 것이다. 피부의 pH는 정확하게 피지선의 pH, 모발의 경우는 역시 수분을 함유하고 있을 때 모발 표면, 혹은 모피질 내의 수분의 pH를 측정하며 이것을 모발의 pH라고 한다.

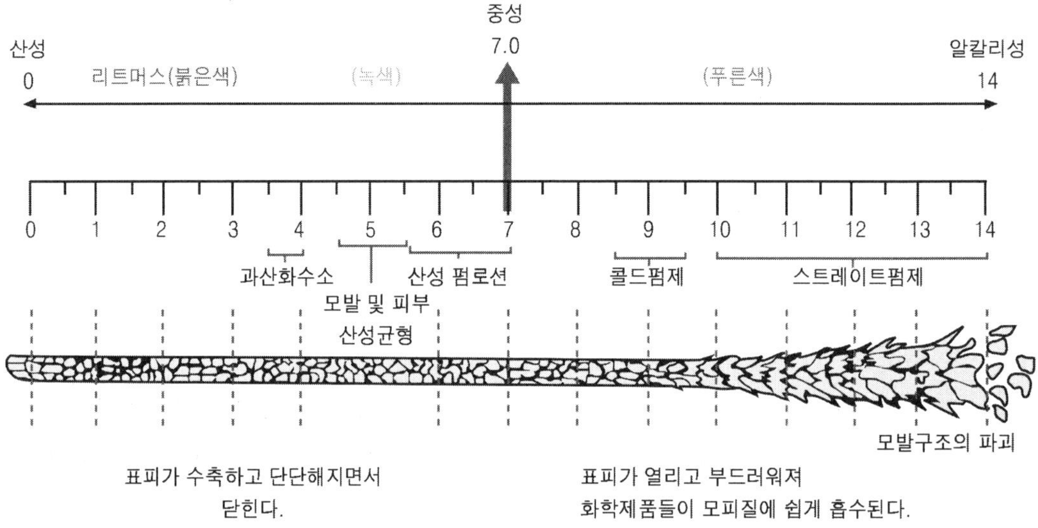

(5) 모발의 등전점

모발의 단백질은 산에는 대체로 강하지만 알칼리에는 약한 성질을 가진다. 모발과 피부, 그리고 두피의 평균 pH는 4.5~5.5이며 이때 모발에 모든 결합이 가장 안정적인 구조를 유지하므로 모발의 등전점이라 한다.

모발의 등전점의 범위를 바꿔 주면 모발의 절단이 가능하며, 다시 등전점으로 돌려 주면 모발의 재결합하는 원리를 이용한 것이 알칼리제를 이용한 펌 로션에 제1액 중에 있는 알칼리제의 역할이다.

화학적 시술 후에는 모발이 알칼리 성질을 띠므로 모발 본래의 pH를 유지할 수 있도록 약산성 컨디셔너를 사용하여 모발을 약산성으로 되돌아가게 해야 한다.

그러므로 모발이나 피부는 약산성이라고 말한다. 즉, 피부표면을 매끄럽게 하는 유질의 산성 분비물, 즉 피지막이 존재하기 때문이다. 피지막은 모발, 피부, 그리고 두피를 최적의 조건으로 만들어 준다. 그러나 젖은 모발인 경우는 약간의 음전하를 보유하게 된다. 모발은 케라틴이라는 단백질로 구성되어 있으며, 케라틴 단백질은 pH가 높은 강한 화학적 상태에서도 매우 안정적인 내성이 있다. 그러나 케라틴은 pH에 의해 영향을 받는다. 즉, 산성과 알칼리성을 띤 아미노산의 결합으로 형성되었다는 것이다. 모발이 강산이나 강알칼리에서 어떤 영향을 받게 되는지를 살펴보면, 모발은 강알칼리용 액에서 많은 음이온를 배출하여 모발 내부에 있는 양전하를 잃게 된다. 따라서 모발은 음이온를 많이 생성하게 되고 음전하들이 서로 밀어내어 모발이 팽창하게 되므로 모발손상의 원인이 된다. 반대로 강산성 용액은 양전하를 흡수하여 모발이 양전하로 바뀌게 되므로 양전하들이 서로 밀어내어 모발이 손상된다.

모발에서 화학작용은 양전하와 음전하의 균형을 깨뜨리는 것이다. 화학적 시술 후 모발의 균형을 위해 산성인 pH 3과 pH 5 사이 제품을 사용하면 모발 내부의 피질의 팽윤은 줄어들고 표피는 수축시키므로 중요하다. 즉, 제품에 의해 모발의 내부적인 pH 균형을 맞추는 것이다.

알칼리성 퍼머넨트 웨이브 시 pH는 일반적으로 pH 8~10 정도이며, 산성 퍼머넨트 웨이브 시 pH 5.5~6.5이다. 모발을 건강하게 유지하려면 최대한 모발의 등전점 상태를 유지하는 것이 매우 중요하다.

(6) 모발과 산성

산은 신맛이 나며 리트머스 종이를 파란색에서 붉은색으로 변화시킨다. 모발은 화학적인 자극 특히 산성에 대한 저항력은 알카리에 비해 강한 편이며 모발 내의 단백질 및 모표피는 산성에 대해 수축 작용을 일으켜 모발 내부 침투를 방지한다. 따라서 모발의 손상도는 알카리보다 극히 적다고 볼수 있으나 강한 산성(pH 1.5~2.0)일 경우 모발은 가수분해 되고 폴리펩티드결합이 끊어져 아미노산으로 분해되어 결국 모발의 손상이 초래된다. pH 3 이하의 강산에서는 단백질이 응고하게 되므로 화학적 시술 후에는 모발에 등전점으로 되돌려 주는 것이 중요하다.

(7) 모발과 알칼리

알카리 즉, 염기는 쓴맛이 나며 리트머스 종이를 붉은색에서 파란색으로 변화시킨다. 염모제와 펌제의 1제 성분에는 알칼리 성분이 함유되어 있다. 이 성분들은 모발의 모표피를 팽윤, 연화를 시켜 다른 성분들이 모피질 안으로 잘 들어갈 수 있게 하는 역할을 한다. 염모제인 경우는 알칼리성 용액이 모발을 팽윤시켜 염모제 분자가 모발 속으로 착색하는 것을 도와준다. 그러나 잦은 염색과 펌 시술 시 모발의 강도가 약해지고 모표피와 모피질까지 손상된다. 모발은 등전점일 때 가장 안정한 구조를 갖게 되고 퍼머넨트 웨이브 시술 시 pH가 9.7 이상이 되면 급격히 모발의 팽윤도가 증가하게 되며 pH 10 이상의 강알칼리에서는 용해된다. 일반적으로 알칼리성의 약제를 사용한 후에는 모발은 알칼리성이 되는데 화학약제 시술 후 산린스(acid rinse)등으로 처리하는 것은 모발의 pH를 등전점으로 되돌리기 위한 것이다. 즉, 모발이 어떠한 원인으로 손상이 되어 아미노산의 분포가 변해서 아미노산기가 많게 되면 알칼리성으로, 카르복실기가 많게 되면 산성쪽으로 모발의 pH가 변하게 된다.

(8) 모발과 pH와의 관계

강알칼리는 모발 큐티클층을 팽윤시켜 부드럽게 하여 모피질에 화학제품의 침투를 돕는다. 염모제인 경우는 알칼리성 용액이 모발을 팽윤시켜 염모제 분자가 모발 속으로 착색하는 것을 도와 준다.

모발은 등전점일 때 가장 안정한 구조를 갖게 되고 pH 10 이상의 강알칼리에서는 용해된다.

퍼머넨트 웨이브 시술 시 pH가 9.7 이상이 되면 급격히 모발의 팽윤도가 증가하게 되고, 이러한 팽윤현상은 용해되기 직전의 현상으로 보면 될 것이다.

pH 3 이하의 강산에서는 단백질이 응고하게 되므로 화학적 시술 후에는 모발에 등전점으로 되돌려 주는 것이 중요하다. 알칼리성 제품은 모발을 팽윤시키고 산성제품은 모발을 수축시켜 모발의 등전점 부근으로 되돌려주는 것이다.

● **pH에 따른 모발변화**

pH	2.0	2.7	4.0	5.0	6.0	7.0	8.0	9.0	10.0	12.0
팽윤(%)	40.5	31.3	28.2	28.3	28.7	28.6	30.3	32.2	32.6	56.0
모발변화	←가수분해		수렴, 경화		보통		팽윤. 연화		용해→	

2) 모발의 물리적 특성

모발에 적합한 제품을 선정하여 시술하기 위해서는 퍼머넨트 웨이브나 헤어 컬러링 등 화학제품을 이용한 시술 전에 모발을 진단하여 모발이 가지고 있는 여러 가지 물리적·역학적 특징을 알아야만 한다. 그러므로 모발의 물리적·역학적 성질인 질감, 밀도, 탄성, 강도, 다공성, 모발의 흡습성과 열과의 관계 등에 대하여 살펴보고자 한다.

(1) 모발의 흡습성

모발은 친수성이므로 공기 중에 수분이 많으면 수분을 흡수하고 건조한 공기 중에서는 수분을 빼앗기게 되는 성질을 가지고 있다. 이를 모발의 흡습성(Moisture)이라 한다. 모발은 습도의 영향을 많이 받으므로 수분함유량에 따라 모발상태를 결정하는 것이다. 물에 젖은 모발은 모발 표면의 물을 닦아내도 내부에 물을 흡수하고 있어서 원래의 모발보다 무겁다. 그러나 건조하면 모발 내부의 수분도 밖으로 빠져나와 본래의 무게로 돌아가기 때문에 수분이 화학적으로 모발에 변화를 시키지는 않는다. 모발 내부에서 폴리펩티드(Polypeptide) 체인을 형성하고 있는 단백질 구조가 변하게 되면 부피는 축소되면서 모발 내부에 변화를 일으키는 것이다.

물은 모발 내에 물리적 특성을 변화시키며, 수분을 흡수한 모발은 케라틴 구조에 긍정적 영향과 부정적 영향을 주게 된다. 샴푸한 직후 모발에 있어서 수분 보유율을 10~15%일 때가 가장 이상적이다. 모발은 샴푸한 직후에 30~35%의 수분을 함유하여 포화상태가 되고, 손상모, 드라이로 건조시킨 경우 10% 이하로 수분함유가 떨어지며, 일반적으로 자연환경 상태에서 10~15%의 수분을 함유하고 있다. 모발의 흡착량은 온도와 습도의 영향으로 변동하며 손상된 모발은 흡착량이 많아진다. 따라서 모발의 체적과 중량이 크게 된다.

수분을 주어서 시술하는 블로우 드라이보다 모발이 건조한 상태에서 하는 아이롱이 더 오래간다. 왜냐하면 블로우 드라이로 아무리 건조시켜 시술했다 하더라도 모발 내부에는 제거되지 않는 수분이 있기 때문이다. 그러나 아이롱의 경우, 이미 건조된 상태의 모발에 시술하여 모발 내부의 수분까지 건조시키므로 모발의 형태 유지가 더 오래가는 것이다. 모발섬유가 팽윤되는 것은 모발이 수분을 흡수하기 때문이다. 모표피는 친유성으로 물을 튕겨내고 모피질은 친수성으로 물을 흡수한다. 즉, 모발의 수분 흡수율이 높은 것은 모표피(큐티클)의 손상으로 인하여 모피질이 수분을 흡수하였기 때문이다. 모발은 샴푸를 하고 난 후 물기를 닦아 내도 원래의 모발보다 무겁게 느껴지는데, 모발은 모발표면의 물만 제거되고 모발내부는 물을 함유하고 있기 때문이다. 더 이상 간충물질이 물을 흡수할 수 없을 때 모발의 포화상태라고 말한다.

모발에 수분이 흡착하는 양은 상대습도와 온도의 영향을 많이 받는 것으로 알려져 있다. 모발이 손상되어 건조하게 되면 윤기와 부드러움, 광택 등이 없어지고 모발은 거칠게 된다. 그러므로 일상생활에서 모발이 건조하게 되면 매끄러움과 부드러운 광택이 없어지고 거칠게 되므로 헤어 크림(Hair Cream)이나 헤어 트리트먼트(Hair Treatment) 또는 린스(Rinse)제를 사용하여 모발의 수분량을 유지시켜 주는 것도 모발손상의 예방을 위해 매우 중요하다.

(2) 모발의 팽윤성

흡착현상을 팽윤이라 하며 거의 대부분의 모발은 유한팽윤을 한다. 일반적으로 모발의 팽윤은 물에 완전히 모발의 젖어 있을 때 습도 100% 이상일 때의 제적과 중량의 증가현상을 말한다.

모발을 물에 적시면 직경은 12~15% 증가하지만, 길이는 1~2% 정도밖에 증가하지 않는다. 모발의 팽윤은 젖은 상태의 시술과정에 있어서 중요한 사항이다. 모발의 팽윤정도를 나타내는 방법에는 모발의 길이방향, 반지름 방향, 부피팽윤 등 세 가지가 있다. 퍼머넨트 웨이브나 염탈색 시 모발을 팽윤시켜 모표 약품의 침투를 쉽게 하기 위하여 대개 알칼리제를 사용한다. 모발의 과도한 팽윤은 모발손상이 크다. 자연적인 모발의 pH는 4.5~5.5이며, 이를 모발의 등전점이라 한다.

모발은 등전점에 있을 경우 케라틴이 가장 안정된 구조를 지니며, 모발의 결합력이 가장 안정된 구조를 지니게 되는 것을 앞에서 살펴보았다.

pH가 낮아지면 산성이 되는데, pH 2 이하에서는 모발의 응고되거나 단단하게 되어 결국은 분해되며, pH 10 이상이 되면 알칼리에서 모발은 연화되어 급하게 팽윤되고 용해가 된다. 모발의 모피질에는 결정영역(주쇄)와 비결정영역(측쇄)가 있다. 모발이 물에 의해 팽윤되는 것은 이 측쇄결합 가운데 수소결합이 물에 의해 절단되고 수산기(-OH), 아미노기(-NH_2), 카르복실기(-COOH), 펩티드 결합(CO-NH) 등이 친수성이기 때문에 물의 분자가 흡착되어 주쇄와 측쇄 사이가 넓어져 늘어나게 되기 때문이다. 그러나 늘어진 측쇄는 원래의 상태로 돌아가려는 탄성이 있다. 즉, 모발은 유한 팽윤을 한다고 말할 수 있다.

(3) 모발의 인장강도

모발에 힘을 주어 잡아당기면 늘어나서 모발이 가늘게 절단되는데 모발에 걸린 하중을 인장강도(g)라 하며,이 비율을 신장률(%)또는 신장도라 한다. 건강한 모발일수록 강도가 강해지고, 모발이 손상되었을 때 모발의 강도는 저하되며 모발에 당기는 힘은 모발의 굵기에 의해 차이가 있기 때문에 절단 시 무게를 모발의 단면적으로 나눠 단위 면적당 무게를 강도라 부르고 Kg/mm로 표현한다. 모발의 강도와 신장 측정 시 온도와 습도에 따라서 측정치가 달라지기 때문에 통상 온도 25˚C, 습도 65%(상대습도)를 표준으로 한다. 또한 시료의 굵기, 길이, 당기는 속도 등을 일정하게 재는 것이 필요하다.

앞서 언급했듯이 모발은 경단백질로 구성되어 있으며 한 가닥의 모발은 가늘고 약하다. 그러나 모발 한 가닥이 끊어지는 데 필요한 힘은 약 150g 정도이다. 모발의 강도(Intensity)와 신장(Extension)은 사람마다 개인의 체질과 건강상태, 모발의 손상정도, 당긴 속도 등에 따라 크게 다를 수 있으나 일반적으로 모발의 평균적인 수치를 예를 들면 건강한 모발의 신장률은 40~50%이며, 이때 신장강도는 140~150g이다. 그러나 모발의 물에 젖었을 때 모발의 신장률은 60~70%이며, 이때 신장강도는 90~100g 정도라고 한다. 모발은 대부분 퍼머넨트 웨이브나 염·탈색 등 습윤상태에서 시술된다. 습윤 시 모발의 강도는 저하되고 신도는 증가한다. 즉, 모발이 흡수에 의해서 늘어나는 것은 케라틴 분자구조가 알파형에서 베타형으로 변하였기 때문이며, 모발의 결합인 수소결합이 느슨해지고 염결합과 시스틴 결합이 절단될 때 모발의 신도(伸度)가 커지기 때문이다.

(4) 모발의 신장과 탄성

스프링이나 고무는 늘리면 늘어나고, 힘을 제거하면 원래의 길이로 되돌아간다. 이와 같이 원래의 형태로 다시 돌아가는 성질을 탄성이라 한다. 외부의 압력에 의해서 변형을 받으면 그 물체의 내부에서 저항하여 원상태로 되돌리려는 힘을 발생시킨다. 이와 같은 변형을 탄성변형이라고 한다. 변형이 크게 되어 탄성한계를 넘으면 외부압력을 제거하여도 원상태로 되돌아가지 않고 변형이 남는다.

모발의 탄성이란 모발이 끊어지지 않을 정도까지 잡아당겼다가 놓으면 원래대로 돌아가는 성질을 말하며, 탄성이 좋은 건강한 모발은 정상적으로 늘어뜨렸을 때 원래 모발길이의 약 20% 정도 늘어난다.

건강한 모발은 일반적으로 상온상습(常溫常濕)에서 40~50% 전후가 늘어난다. 탄성을 측정하는 방법으로는 한 가닥의 모발을 엄지와 검지에 끼워놓고 다른 손의 엄지와 검지를 이용해 미끄러뜨린 후 모발의 상태를 보면 이 때 모발이 나선형으로 말려지는 현상을 볼 수 있다. 이 나선형의 수가 많을수록 모발은 탄성이 크며 건강한 모발이라고 말할 수 있다.

모발의 외부압력을 제거하면 일반적으로 본래의 상태로 되돌아가지만 원래 길이로 돌아가지 않는 탄성변형인 경우도 있다.

(5) 모발의 고착력

머리카락이 피부에 부착되어있어서 쉽게 빠지지 않는데 이때 두피로부터 한 가닥의 모발을 한 가닥 뽑는데 드는 힘이다. 보통 한 가닥의 머리카락을 뽑는 데는 50g의 힘이 필요하며,모발의 성장주기에 따라 성장기 모는 50~80g의 힘이 들고, 휴지기일 때는 20g의 힘이 든다. 하지만 모발의 고착력이 사람마다 다른 것은 우선 모발의 굵기에 의해 결정되는데 모발 색깔이 검고 직모인 동양인은 모발이 굵고 강도가 높으며, 금발이나 붉은 머리인 서양인의 머리카락은 평균적으로 동양인보다 10~30% 가늘어 약하다.

(6) 모발의 열변성

모발은 전체의 80~90%가 단백질로 구성되어 있으므로 필요 이상의 열을 가하면 단백질이 응고되어 원래의 모발로 돌아갈 수가 없으므로 미용시술에 있어서 모발과 열은 매우 중요하다.

열이 모발에 미치는 영향은 건열과 습열이 다르며, 건열은 외관적으로 120°C 전후에서 팽화가 보이기 시작하고 130~150°C에서 변색이 되고 190°C 이상이면 탄화한다. 습열에 의해 절단된 측쇄결합은 원래의 상태로 돌아오지 않고 새로운 결합을 만든다.

건조한 모발은 열에 비교적 강하지만 젖은 모발은 열에 의하여 측쇄의 가수분해나 케라틴 구조의 변화를 일으켜 모발손상을 유발한다. 또한 강산이나 강알칼리로 인한 팽윤·연화된 모발에 열을 가하면 단백질 구조가 변형되어 모발의 손상을 촉진시킨다. 앞에서 언급했듯이 모발은 보통상태에서 약 10~15%의 전후의 수분을 함유하고 있으며 샴푸 후에는 약 30% 전후 수분을 함유하고 있게 된다. 모발을 건조시키기 위하여, 일반적으로 약 60°C 전후의 열을 가했을 때에 모발은 가수분해를 일으키지 않기 때문에 모발손상을 방지하기 위해서는 55°C 이하에서 모발을 건조시키는 것이 바람직하다.

그러나 세정이 불충분한 모발은 열변성을 강하게 받을 수 있으므로 주의해야 한다. 약액으로 젖은 모발은 60°C 이상이 되면 모발이 다소의 변화를 보이기 시작하고 100°C 이상이면 확실한 변화를 보이기 시작한다. 140°C 이상이 되면 모발 단백질은 열변성을 일으키고 270~300°C 정도가 되면 모발 단백질은 타서 분해되기 시작한다.

블로우 드라이 사용시 물론 각도나 거리에 따라 차이는 있겠지만 블로우 드라이 열은 90°C 전후가 가장 적합하다. 아이롱은 열 기구 중 가장 뜨거운 열을 이용하는 기구이므로 신속한 시술이 필요하며, 모발에 PPT제품을 도포하고 젖은 모발은 80~90% 건조시킨 후 시술한다.

우리가 가정에서 일반적으로 많이 사용하는 전기 세팅기는 130~140°C 정도 온도로 와인딩되고 세팅롤러가 식으면서 웨이브가 고정되는 것이다.

(7) 모발과 광선

태양광선은 파장의 길이에 따라서 적외선, 가시광선, 자외선으로 구별되고 있다. 모발에 직접 영향을 주는 것은 자외선과 적외선이다. 파장이 짧은 자외선을 강하게 받으면 피부표면이 그을리는 현상처럼 모발 또한 케라틴 변성을 일으킨다.

적외선은 열선으로 물체에 닿으면 열을 발생시키므로 적당한 적외선은 두피의 혈행을 촉진시켜 탈모방지에도 효과가 있다. 두피에 적당히 적외선을 조사할 경우 말초혈관의 순환을 좋게하여 탈모방지와 트리트먼트에 사용된다. 과도한 적외선은 발생된 열에 의하여 모발 케라틴의 측쇄결합 일부가 느슨해지면서 파괴되어 모발손상을 입게 될 수 있다. 모발에 영향을 미치는 자외선은 열을 느낄 수 없지만 장시간 노출되면 모발 케라틴 변성을 일으켜 시스틴이 감소하고 알칼리 용해도가 증가하여 모발 손상과 탈색을 유발시키는 것을 알 수 있다.

그러므로 자외선에 장시간 노출되면 광화학적 반응에 의해 모발 내 시스틴이 감소하여 옥외근로자, 고원과 해안의 주거자들에게서 퍼머넌트 웨이브가 형성되기 어렵거나 잘 풀어지는 원인이 자외선에 의한 모발 내의 케라틴 변성이라고 볼 수가 있다.

(8) 모발의 정전기

물체에서 정전기를 일으키는 원인은 여러 가지가 있는데, 한랭 건조한 겨울철에 특히 많이 볼 수가 있다. 겨울에 울스웨터를 벗을 때 정전기가 발생함을 느낄 수 있을 것이다. 우선 계절적 요인으로 차가운 바람과 건조한 공기, 실내의 난방 등이 모발 정전기 현상을 촉진시킨다. 날씨가 건조한 겨울철이 되면 모발도 건조해진다. 이러한 현상은 브러싱이나 백 코밍을 할 때 브러시에 모발이 달라 붙기도 하고 모발끼리 서로 반발하여

시술하기가 어렵게 만든다.

브러싱시 모발은 +전기를, 빗이나 브러시는 -로 되기 때문이며, 모발과 모발끼리는 같은 전하이므로 서로 반발하고 모발과 브러시는 서로 달라 붙으려 하기 때문이다. 건조한 모발을 빗질하면 지지직거리며 전기를 일으킨다. 이 같은 현상을 마찰에 의해 정전기를 일으키기 때문이다. 이것을 마찰 전기라 하며, 모발의 경우 +의 전기를, 브러시는 -전기를 발생하므로 물질간에 서로 대전 열이 발생되는 것이다. 피부 표면도 모발과 같이 각질이므로 나일론 속옷을 입고 있으면 피부 표면에 +전기가 생긴다. 모발이나 피부에 +전위가 높아지면 건강상 별로 좋지 않으므로 겨울철 공기가 건조할 때에 주의해야 한다.

모발은 양극성을 가진 아미노산으로 만들어진 경케라틴이라는 단백질이기 때문에 마찰 전기를 일으키기 쉬운 조건이며, 일단 생긴 정전기는 머물기 쉬운 성질을 갖고 있기 때문이다.

정전기를 방지하는 방법으로 가장 좋은 트리트먼트제는 정전기 방지와 동시에 모발보호 효과도 좋은 제품이 좋다. 컨디셔닝 린스도 샴푸 후에 모발에 수분을 공급해 준다. 또한 크림 린스도 모발의 대전성과 브러싱에 있어서 윤활제로서 브러싱을 용이하게 한다. 정전기 방지제로는 실리콘, 유지, 계면활성제, 습윤제 등이 이용되고 이들을 배합한 일용품, 모발용품 등을 사용하면 정전기를 방지할 수 있다.

3) 모발의 색

멜라닌 색소 생성은 멜라노싸이트에 있는 두 가지 주요 세포 물질들인 프리멜라노좀과 멜라노좀에 의해 이루어진다.

첫 번째 색소 함유 물질인 프리멜라노좀은 도파(dihidroxyphenylalanine)-산화효소 화학 반응이 일어나는 곳이다. 프리멜라노좀은 멜라닌 형성이 시작될 때 만 존재한다.

일단 멜라닌 합성이 끝나면 이 물질은 멜라노좀이라고 불린다. 어류나 양서류 등의 색소세포에서 합성된 멜라노좀은 모든 세포 가운데에 있어서 여러 가지 기능을 하지만 새의 날개, 포유동물의 피부나 털, 사람의 피부나 털에서는 멜라노좀의 합성에 의해서 멜라노사이트의 수지강의 돌기를 통하여 주위의 케라티노사이트(Keratinocyte)로 전송된다. 케라티노사이트는 획득한 멜라노좀에 의해 피부색이나 모발에 독특한 색을 형성한다.

멜라닌의 합성경로를 살펴보면 다음과 같다.

뇌하수체에서 색소세포 자극호르몬이 분비되면 멜라노사이트 내의 티로시나아제가 티로신을 산화 중합해 DOPA를 만들고 다시 산화하여 도파퀴논(DOPA-quinone)이 생성되며 멜라닌 과립을 만든다. 이 단계에서 티로시나아제(Tyrosinase)라는 산화효소가 관여한다.

멜라닌 과립은 작은 단백질과 결합하고 모발의 경우는 멜라노사이트의 돌기부 끝에서 방출되고 방출된 멜라닌색소는 모발이 각화하기 전에 세포 안에 들어간다. 멜라닌색소는 모발의 대부분을 차지하는 모피질에서 성장하여 모발의 색을 구성하는 것이다.

아미노산인 티로신을 원료로 하여 형성되는 뉴멜라닌, 페오멜라닌 등은 과립을 형성하여 멜라닌의 유형과 분포량에 따른 정도 등의 요인에 의해 모발의 밝기를 결정하여 사람마다 독특한 모발색을 나타내는 원인이 된다.

멜라노좀은 이것이 색소와 함께 완전히 포화되었을 때 완전히 발달하는 것으로 여겨진다. 멜라노좀이 이러한 포화점에 도달하면, 모발과 표피의 분열하는 세포들에게로 색소를 운반할 준비가 된다.

운반의 실제 과정은 두 가지 중 한 방법으로 나타나는 것으로 여겨진다. 하나는 색소가 색소 과립 분비의 결과로써 계속 움직이는 분열하는 세포들 속으로 운반되는 것이다. 돌기들이 세포들 속으로 침투하고 색소 과립을 방출한다.

멜라닌의 운반에 대한 또 다른 관점은 색소 소기관들을 함유하고 있는 돌기들을 둘러싸는 세포들의 침입에 초점을 맞춘다. 돌기들이 완전히 둘러싸면, 그 끝은 분열하는 세포들에 의해 잡아채어지고 멜라닌이 세포들의 구소 속으로 들어간다. 중요한 점은 스스로 작용하는 것이다; 멜라노사이트로부터 세포들로 색소 과립의 운반. 멜라닌은 그런 다음 세포들과 함께 운반된다. 멜라노싸이트들이 진피-표피 교차점과 성장기의 모근에 남는다는 것이 중요하다.

모발주기의 '성장기' 단계의 마지막에, 활성 멜라노사이트들은 모근으로부터 유두로 끌어내려지고, 이곳에서 멜라닌을 생성하기 위해 다음 성장기 모근의 형성을 기다린다.

모발은 멜라닌 색소 함량과 분포에 의해 흑색, 갈색, 적색, 금색, 백색 등 여러 가지 색으로 나타나며, 멜라닌 색은 모발을 착색시키고 자외선으로부터 두피를 보호하는 역할을 한다. 일반적으로 멜라닌 과립은 유멜라닌과 페오멜라닌의 두 종류가 존재하며 인종에 따라 흑갈색에서부터 금색에 이르기 까지 다양한 색상을 나타낸다. 대부분의 사람들은 유멜라닌을 공통적으로 가지고 있어 갈색에서 검정색까지의 어두운 색조를 띠며, 페오멜라닌은 금색과 적갈색,적색의 색조를 띤다. 반면 검은색의 유멜라닌은 산과 알카리에 용해되지 않으며 황(S)을 함유하고 있지 않고, 적갈색을 띠는 페오멜라닌은 알카리에 용해되며 약 8~12%의 황(S)을 함유하고 있다. 이 두 종류의 멜라닌 과립은 인종마다 다양 한 색조의 모발 색깔을 나타내며 크기, 양,성 별, 연령, 모발의 굵기에 따라 색이 결정된다. 멜라닌 과립이 크고 많으면 빛을 흡수하기 때문에 검게 되고 멜라닌 과립이 거의 없으면 빛이 반사되어 흐리게 된다. 또한 멜라닌 과립은 조밀한 타원형이거나 막대형태 알갱이로 되어있으며, 이들은 모수질과 모피질 그리고 모피질 주변에는 더 높은 농도로 산재되어 있어 크기가 약 200~800nm의 안료 알갱이로 언급되고 있다. 뉴멜라닌은 비교적 크기가 크고 화학적으로 쉽게 파괴될 수 있는 데 반하여 페오멜라닌은 비교적 크기가 작고 화학적으로 안정된 구조를 하고 있다. 시스틴 함량이 많은 모발에는 페오멜라닌이 많이 존재하며, 흑갈색의 모발을 탈색시켰을 때 색상이 약간 붉게 보이는 것은 바로 뉴멜라닌이 먼저 파괴되고 페오멜라닌이 남아있기 때문이다.

특정 시기에 멜라노싸이트들은 멜라닌 생성을 중단하고, 흰머리가 생기게 된다. 이렇게 하얗게 된 모발을 백모(canities)라고 한다. 가끔씩 비정상적으로 탈색된 줄이 모발과 피부에 생기는데, 두피에 생기는 이상 때문일 수 있다. 이러한 문제는 백반증(vitiligo)라고 하며 치료할 수 있는 방법은 거의 없다.

마지막으로, 모발과 피부에 어떠한 멜라닌도 전혀 만들어 내지 않는 사람들이 있는데 이것을 백색증(albinism)이라고 하며, 이런 사람들은 태양의 위험한 자외선으로부터 자신들을 보호해줄 멜라닌이 없기 때문에 햇빛에 너무 많이 노출되지 않도록 매우 주의해야 한다.

4) 백모

모발의 색은 멜라노사이트의 기능에 의해 멜라닌 생산량이 달라지며, 모발 중에 함유되어 있는 멜라닌의 색소량에 따라 결정된다.

그러나 어떠한 원인으로 인해 멜라노사이트의 기능이 저하되면 모발은 백모(Gray Hair)가 되어 버린다.

백발은 색소의 이상 현상으로 볼 수 있으며, 노화의 한 현상이다.

백발화의 원인은 유전이 많다고 하지만 공포와 고열병이나 정신적 쇼크에 의해 일어날 수도 있다.

백모의 경우는 멜라닌 형성과정에서 도파퀴논(DOPA-quinon)에서 그 작용이 멈추어 모발이 케라틴화되어 각화되어 위로 밀려 올라가면서 티로시나아제 효소를 만들지 못하기 때문에 산화작용이 이루어지지 못한 상태이다.

백모는 특히 흑갈색계의 모발을 갖는 인종에게 더욱 명료하게 나타난다. 백모는 멜라노사이트에서 멜라닌 생성이 멈추기 때문에 일어나는 현상으로 볼 수 있으며, 영구히 백발이 된 경우는 멜라노사이트가 사멸한 것이라고 생각할 수 있다.

비타민(Vitamin) A와 철분이 부족하거나 정신적으로 초조하면 쉽게 백발화가 된다고 알려져 있으므로 고른 영양섭취와 정신적 안정을 유지시키면 어느 정도는 진행을 억제할 수 있다.

5) 모발의 밀도

모발의 밀도는 각 개인의 모발수량에 의해 결정되고, 모발의 수는 인종, 연령, 성별, 영양상태, 기후, 환경, 탈모의 유무 등의 요인에 따라 다르다. 사람의 두상 면적은 약 700㎠이며 저밀도의 경우 120개/㎠, 중밀도의 경우 140~160/㎠, 고밀도의 경우

200~220/㎠ 정도이며 전체 모발의 수는 90,000~150,000만 개 정도이고, 우리나라 사람의 모발의 수는 약 110,000만 개에 달한다.

금발은 약 150,000만 개이고 동양인에서 많이 볼 수 있는 흑갈색 모발의 수는 약 110,000만 개, 흑인에게서 많이 볼 수 있는 흑색 모발의 수는 약 100,000만 개, 붉은 모발은 약 90,000만 개 정도이며 일반적으로 여성이 남성보다 많다.

한국인의 모발 특성은 백인보다 모발 밀도가 더 적고 두정부와 후두부보다 측두부 모발의 밀도가 낮다. 성장속도 또한 백인에 비해 더 느리며 모발 직경은 더 굵다. 모낭 단위로 보면 한국인의 경우 10만개 이상으로 백인종 보다 많다. 단지 한국인의 모낭에는 모낭당 모근이 보통 1개이고, 유럽인의 경우 모낭당 모근이 3개에 육박하기 때문에 유럽인에 비해 모발 밀도가 낮은 것이다.

정상적인 사람이 하루에 빠지는 모발의 개수는 50~70가닥 정도이며, 나이가 들면 거의 200가닥 정도까지 빠지나 이것은 자연적인 현상이기 때문에 문제가 되지 않는다.

7. 모발의 손상

문화가 발달할수록 미적인 욕구가 커지고 있으며, 모든 사람들은 아름답고 건강한 모발을 원하지만 아름다운 모발을 가지려는 욕구가 강한 만큼 모발은 반복되는 여러 원인으로 인하여 손상도는 심해지고 있다.

모발손상의 원인은 선천적인 것과 후천적인 것이 있지만, 대부분 후천적 원인으로부터 결정되고 있다. 왜냐하면 음식물이나 생활환경 혹은 신체의 건강상태에 따라서도 모발 손상도가 달라지기 때문이다.

모발은 같은 사람이라도 자라는 부위에 따라 굵기가 다르므로 모질도 다르다. 또한 모발의 손상원인은 개개인에 따라서 많은 차이를 보이게 된다. 이러한 모발 손상의 원인은 물리적 요인, 화학적 요인, 생리적 요인, 환경적 요인으로 분류할 수 있다.

소재로서의 모발이 손상되어 있거나 이상이 있으면 미용인은 원하는 디자인을 할 수가 없다.

모발이 손상되는 주 원인은 퍼머넨트 웨이브제와 헤어 컬러링제 등의 화학처리로 인한 모발성분에 화학적 변화를 주어 질적 손상을 일으키므로 모발 내부의 변화요인이 가장 크다.

모발이 손상되면 모발의 모표피가 흐트러져 박리되고 모발의 뻣뻣해지며 광택이 없어지므로 미용시술에 있어 많은 제약을 받을 수 있다. 미용인과 일반 여성들 모두 아름다운 헤어 스타일의 연출을 위해서는 모발건강이 선행되어야만 한다는 중요성을 인지하고 있음에도 불구하고, 화학적인 시술인 퍼머넨트 웨이브나 염색을 행하여 개인의 개성을 표현하고 있다.

퍼머넨트 웨이브제와 헤어 컬러링제 등은 우리 생활에 없어서는 안 되는 것이다. 그러므로 모발손상을 피해갈 수는 없지만, 모발에 대한 올바른 지식과 시술이 따른다면 모발손상을 줄일 수 있을 것이다.

1) 물리적 손상요인

물리적인 손상이란 브러싱이나 백코밍, 열 등으로 인하여 모발의 형태가 변하는 것이며, 유·수분 흡수력 상승 및 저하, 강도와 신축성의 변화, 탄성과 유연성의 저하 등이 나타난다. 물리적 손상의 주된 요인으로는 마찰에 의한 손상, 열에 의한 손상, 컷트 불량에 의한 손상 등이 있다.

마찰에 의한 손상은 일상생활에서 정기적으로 행하는 샴푸, 타월 드라이, 브러싱, 백코밍 등으로 인한 물리적인 자극은 모표피를 자극하게 되고 모발끼리의 마찰은 모발 손상으로 이어진다.

샴푸를 할 때 거품이 적은 상태로 씻으면, 모발과 모발과의 마찰이 크게 되므로 충분한 거품을 낸 상태에서 세정 하고 마지막에 린스로 헹구어 주는 것이 마찰과 정전기를 줄이는 방법이다. 특히 손상으로 인하여 모표피가 일부 벗겨진 상태에서 모발에 마찰이 가해지면 손상부위가 넓어지며, 무리한 브러싱도 모발에 큰 마찰을 발생시키므로 결국 모발 손상을 악화시키는 원인이 된다. 그러므로 브러싱 전에는 반드시 모발보호제를 사용하여, 모표피에 얇은 피막을 만들어 브러시와의 마찰을 감소시키는 것이 모발손상을 막을 수 있다. 모표피 일부에 비늘 층이 떨어지면 그 부분부터 손상이 크게 되고 모피질이 노출되어 모발은 건성이 된다. 따라서 샴푸 후에는 가볍게 브러싱하고 모발 보호제를 사용하여 마찰을 적게 하고 정전기의 발생을 방지하여 모발손상을 막아 줄 수 있도록 한다.

열에 의한 손상은 블로우 드라이, 아이론, 전기 셋팅기 등에 의한 손상이다. 뜨거운 열을 사용하는 기구를 적절하게 사용하지 못했거나 너무 빈번하게 사용하여 열에 의해서 건조한 모발이 되어 손상된 경우이다. 열이 모발에 미치는 영향은 건열과 습열이 있으며, 모발에 미치는 영향은 건열과 습열이 다르다.

모발은 건조할 때보다 젖어 있을 때 열에 더욱 민감하기 때문에 젖은 모발을 말리거나 헤어 디자인 시술 시 열 기구의 온도에 각별한 주의가 필요하다. 모발은 보통 10~15%의 수분을 함유하고 있지만 가열하면, 이들의 수분이 증발, 건조되어 손상이 악화된다. 블로우 드라이 온도는 90°C가 적당하며 드라이 시술 시 모발에 지나치게 밀착하면 모발은 건조하게 되어 윤기가 없어진다. 모발에 130~150°C 이상의 열을 가하면 광택이 칙칙해지고 팽창하여 변형을 일으키는 것 외에 검은 모발의 경우 다갈색으로 변색되며 모피질 및 모수질 중에 기포가 생기기 시작하여 모발에 탄력이 없어진다. 250°C 전후 아이론이 약 1분간 모발의 표면에 닿으면 그 부분의 모발 모표피는 녹는다. 셋팅 퍼머넨트 웨이브와 같은 열기구를 이용한 펌 시술 시 모발에 직접적인 열을 가하므로 시술 전 헤어 트리트먼트를 충분히 도포하여 모발손상을 최소화할 필요가 있다.

컷의 불량에 의한 손상으로는 가위 날이 불량한 경우 모발이 잘리기 보다는 뜯기는 경우가 많다. 또한 레자를 잘못 사용하거나 무딘 날의 가위로 마른 모발에 테이퍼링 기법으로 직접적인 시술을 하였거나, 컷(Cut)의 기술 미숙으로 인하여 모표피가 손상을 입으면 컷한 자리에 모피질의 수분이 증발한다. 모표피가 고르지 못하면 잘린 부위에 약제의 침투가 용이해져 지모나 열모가 쉽게 발생한다. 이러한 모발 손상을 막기 위해서는 잘 드는 가위를 사용하고 모발의 절단면을 트리트먼트 등으로 보호해 주어야 한다.

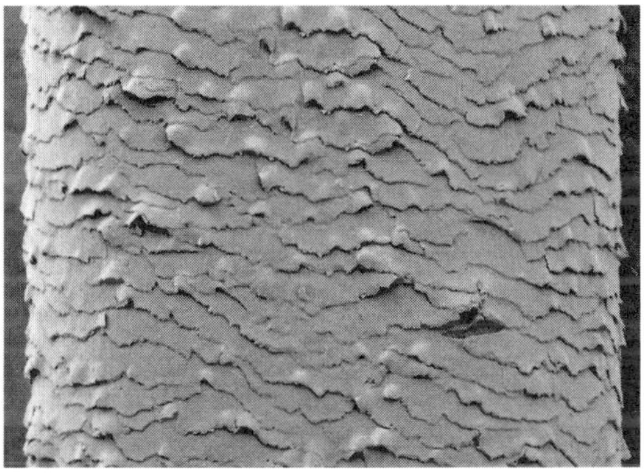

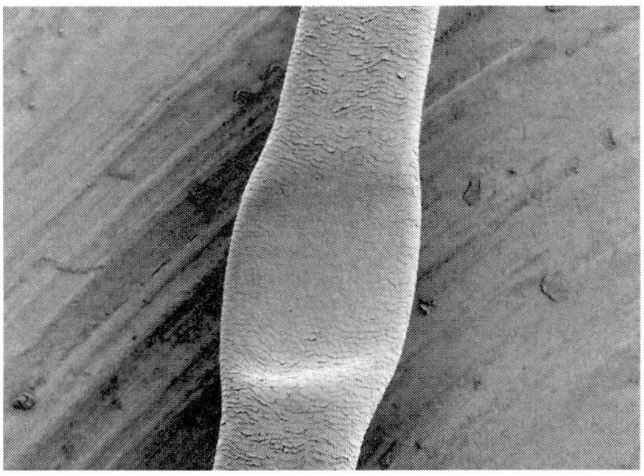

2) 화학적 손상요인

화학적인 원인은 펌 웨이브제나 염색약 또는 탈색약에 의한 손상으로 모발 성분 중에 일부가 물리적·화학적 변화를 받아 모발의 질적 손상을 일으키는 경우이다.

퍼머넨트 웨이브 시술 시 잘못된 약제 선정이나 과도하게 사용하는 경우, 지나치게 오랜시간 방치했을 경우, 로드 제거 후 세척이 불충분하여 모발에 알칼리가 남게 되는 경우, 모표피의 손상으로 간충물질의 유실에 의한 다공성 모발이 되기 쉬우며 시스틴 함량이 저하되고 케라틴 구조의 약화로 모발의 탄성이 저하된다. 또한 로드 제거 후 모발에 대한 헹굼처리 불충분으로 인해 모발 중에 알칼리가 잔류하거나 산화제가 남아있게 되면 케라틴 단백질의 변성과 멜라닌색소의 퇴색을 일으키게 되어 모발의 이차적 으로 손상시키는 결과가 되며 두피에도 약제가 남아 두피 환경을 악화시키는 원인이 된다.

염색과 탈색은 모발의 화학적 변화를 가장 많이 가져온다. 염·탈색제에는 pH가 높은 알칼리제 이외에도 과산화수소 등의 산화제를 사용하게 되기 때문이다. 과산화수소는 중성이지만 암모니아 등으로 인하여 알칼리성을 띠게 되면 모발의 산화 표백을 촉진시키며 산성이 되면 표백력이 약해진다. 표백에 의해 케라틴 단백질의 단단한 성질이 저하되고 물에 녹지 않는 케라틴도 쉽게 녹아 밖으로 용출되어 모발은 다공성이 된다. 정상적인 모발의 pH는 4.5~5.5 정도의 약산성 상태에 있다. 그러나 탈색을 할 경우 pH 9.5~12 정도의 강알칼리로 모표피의 피지막을 녹이고 모표피를 팽윤시키게 된다. 모표피 사이에 있는 세포막복합체를 파괴한다. 또한 멜라닌 색소를 파괴하여 탈색을 시키는 동시에 케라틴 분자의 세로의 긴 연결 (폴리펩타이드의 결합)이 절단되고 측쇄 결합인 시스틴도 파괴된다.

따라서 염·탈색을 반복적으로 시술하게 되면 모발은 팽윤·연화가 반복되어 모표피가 비틀려 구부러짐이 발생하고 수분증발과 영양분 손실로 인하여 모발은 건조해진다. 염색과 탈색 시술 후 뜨거운 열로 장시간 말리거나 과도한 브러싱과 사후관리의 미흡은 모발손상을 급격하게 하여 모발이 늘어지거나 탄성을 잃게 하는 원인이 되므로 화학적 시술 후 사후관리가 매우 중요하다.

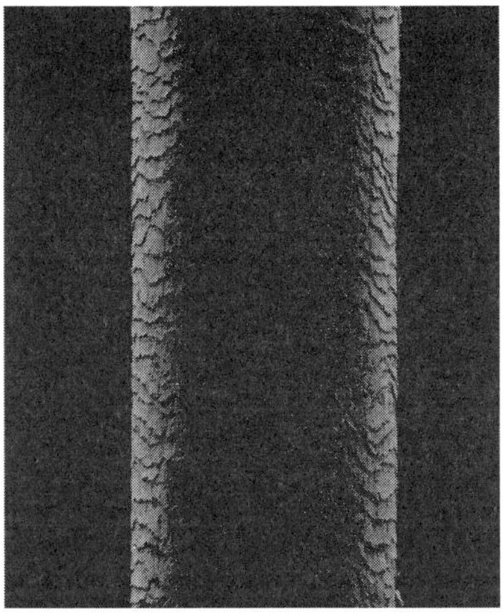
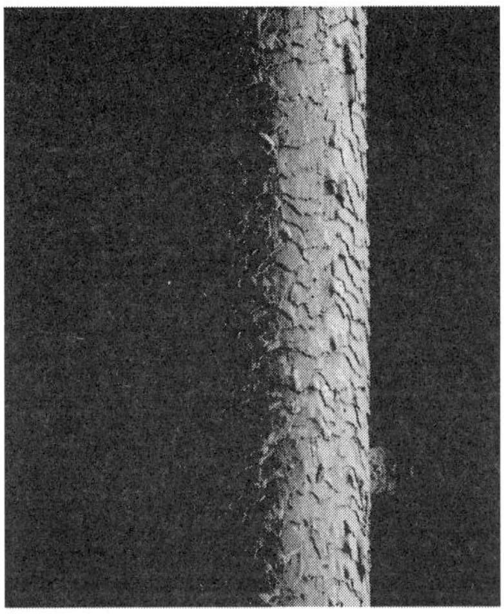

3) 생리적 손상요인

모발손상의 생리적 요인으로는 호르몬 불균형에 의한 손상, 영양소 결핍에 의한 손상, 다이어트와 편식에 의한 손상이 주원인이다.

호르몬 불균형은 남, 여 모두에게 영향을 미치며 결국 탈모현상으로 초래된다. 안드로겐의 과잉분비는 피지선의 활동을 촉진시켜 지루성 비듬을 발생시키고 탈모를 더욱 악화시킬 수 있으며 경구 피임약도 탈모의 원인이 된다고 한다. 일반적으로 여성들은 임신 후기에 여성 호르몬의 증가로 모발의 탈락이 감소하나 분만 후 호르몬 분비가 정상화되면서 탈모현상이 많아진다. 스트레스가 강해지면 두부 혈액순환에 영향을 주게 되어 모발에 영양공급이 충분히 이루어질 수가 없으므로 모발손상과 탈모를 유발하게 되는 것이다. 갑상성 호르몬은 모발의 발육과 아주 밀접한 관련이 있는 것으로 알려져 있다. 갑상선 기능이 약화되면 모발은 유연하면서 가늘어지고 퇴화하며, 갑상선 기능이 촉진되면 모발의 발육이 좋아진다.

단백질이 아미노산으로 분해되어 모모세포에 흡수되기까지는 영양소의 섭취도 매우 중요하다. 즉, 모발이 만들어지기 위해서는 기본적으로 단백질 식품을 섭취해야 한다. 그러므로 다이어트로 인하여 모발에 필요한 영양분이 결핍되어 자연적으로 모발의 성장과 기능이 약화되어 모발이 가늘게 되고 쉽게 부서지며 여러 가지 손상에 쉽게 영향을 받게 되는 것이다.

뇌하수체에서 분비되는 각종 호르몬은 모발의 성장과 멜라닌색소의 합성에 관여하는데, 호르몬과 관련된 질환이 있다든지 과도한 스트레스로 인하여 호르몬의 분비가 약화 또는 억제되면 신체에 이상을 일으키므로 모발손상이 쉽게 일어난다.

다이어트와 불규칙적인 식사, 편식 등에 의한 영양의 불균형은 탈모를 유발하게 된다. 모발에 영향을 주는 단백질인 대두, 멸치, 어류, 우유, 고기, 계란 등을 균형 있게 섭취하는 것이 매우 중요하며, 이외에도 비타민과 미네랄, 특히 철, 아연 등도 모발의 영양에 필요하다.

비타민 A, D는 두피를 건강하게 하여 비듬과 탈모를 막아주고 탈모 후 모발재생에 대해 효과가 있다. 비타민 B_2는 미용 비타민이라고도 하며 부족하면 피부, 모발의 신진대사가 나빠진다. 비타민과 미네랄을 다량 함유한 파슬리, 채소, 딸기, 호박 등을 많이 섭취하는 것이 효과적이다. 리놀산을 함유한 식물성 기름은 모발에 광택을 주며 낙화생, 참깨, 사라다유 등에 리놀산이 포함되어 있다.

4) 환경적 손상요인

환경에 의한 손상은 자연환경에 의한 요인과 환경오염에 의한 요인 두 가지로 나눌 수 있다.

자연환경에 의한 요인으로는 강한 자외선과 적외선, 건조한 날씨, 수질 및 대기오염, 바닷물, 수영장 물, 건조한 기후 등을 들 수가 있다.

자연환경오염에 의한 각종 공해물질로 자동차의 배기가스, 공장의 연소가스에 포함된 황산화물과 질소산화물 등에 의한 공해물질에 따른 손상이다.

환경에 의한 요인은 모발의 손상요인이 대기 중의 먼지 등에 의한 모표피의 물리적 손상이 될 뿐 아니라 인체의 호르몬 변화에도 영향을 미쳐 탈모의 원인이 되기도 한다. 태양으로부터 지구에 도달하는 광선은 그 파장길이에 따라 자외선, 가시광선, 적외선으로 분류된다. 이 중에서 모발에 영향을 주는 것은 적외선과 자외선으로 더욱이 모발에 영향이 큰 것은 자외선이다.

모발은 강한 자외선을 받으면 단백질 변성을 일으키므로 직사광선을 피하고 모발을 건조하지 않게 하는 것이 중요하다. 자외선은 태양광선 중 파장범위가 200~400nm인 것이며 지표에 도달하는 태양광선의 약 6%가 차지한다. 파장범위에 따라 320~400nm를 장파장(UV-A), 290~320nm를 중파장(UV-B), 200~290nm를 단파장(UV-C)로 구분된다.

자외선은 화학선이라 불리우며 열은 느낄 수 없으나 오랫동안 강한 자외선에 노출되면 피부가 타고 모발은 단백질 변성을 일으킨다. 즉, 바다, 산, 스키 등에서 피부가 타는 것은 이 자외선의 영향이다.

인체에 유해한 자외선인 경우, 대부분은 오존층에서 에너지를 소모시키기 때문에 큰 문제가 없었으나 최근에는 산업의 발달로 인해 환경오염이 심각하게 되었으며, 따라서 오존층이 파괴되어 자외선 에너지가 지구에 직접 전달되어 피부암을 비롯하여 각종 질병을 일으키고 있는 실정이다.

적외선인 열선은 물체에 닿으면 열을 발생시키므로 그 열에 의해 모발의 손상을 입기도 하지만 두피에 적당히 조사할 경우 혈액순환을 좋게 하므로 탈모방지, 육모 등 모발 트리트먼트 시 이용되고 있다.

III

탈모

1. 탈모의 정의

인간의 모발은 성장하고 빠지는 과정을 일생동안 반복하면서 유지되는 특징을 가지고 있으며 이는 정상적인 자연탈모 현상이다. 여기에서 탈모로 정의하는 건 정상적으로 존재해야 할 부위에 모발이 없는 상태이며, 비정상적으로 모발의 밀도가 점차 줄어들어 두피가 드러나는 부정적인 외형변화로 새로 자라나는 머리카락 보다 빠지는 머리카락이 많아지는 상태가 지속되는 현상을 말한다.

사람의 머리에 성모는 약 10만~12만 본 정도의 모발이 있으며 3-6년 정도의 성장기를 가지고서 그 주기에 따라 하루 50~100본 정도 탈락을 하는 과정을 겪으면서 유지되는 특징을 가지고 있다. 하지만 유전적, 환경적, 신체적 등 여러 요인에 따라 성장기가 짧아지면서 모발이 연모화 되어가면서 하루 빠지는 모발의 수가 100본 이상이며, 정상적으로 있어야 할 부분에 모발이 빠지거나 결여되어 그 수가 감소하여 나타나는 상태를 탈모라 한다.

모발 성장은 나이, 인종, 생리적 요인, 스트레스, 질환 등 여러 요인에 영향을 받는다. 보통 15세에서 30세 사이에 가장 활발하게 성장하며 50세 이후부터 노화에 의해 모발이 약해지고 밀도가 감소하면서 70세 이후에는 탈모가 진행속도가 빨라진다. 하지만 이상탈모는 특히 남성형 탈모의 경우, 30대 이전에 발생된 조기 남성형 탈모증 발생빈도가 증가하면서 탈모 인구 또한 점점 증가하고 있다.

건강보험심사평가원에 따르면 최근 우리나라에서 탈모로 인해 병원을 찾는 환자는 매년 증가하고 있으며, 그 중 절반 이상이 30대 이하(~39세)가 차지할 정도로 탈모로 고민하는 연령대가 낮아지고 있다. 또한 남성만의 고민이라는 인식과 달리 여성환자 또한 44%를 차지, 탈모에 대한 고민은 남녀노소를 가리지 않는 것으로 나타나고 있다.

2. 탈모의 원인

1) 내적 요인

(1) 유전

일반적으로 남성형 탈모는 남성, 여성 모두에게 나타나고 있다. 이러한 남성형 탈모는 유전적인 원인에 의하여 결정되고 탈모가 빨리 시작되면 탈모의 정도도 더 심해지는 경향이 있다.탈모는 두 개의 쌍으로 이루어져 있는 유전자 중 한쪽은 부계로부터 다른 한쪽은 모계로부터 전해진다. 부모 중 어느 한쪽이 탈모가 있으면 자손은 탈모 유전자를 갖게 되며 바로 다음 세대에 나타날 수 있고 2-3대 후에 나타날 수도 있다.

지금까지 알려진 유전율을 보면 아버지가 탈모인 경우는 50%, 어머니가 탈모라면 75%의 탈모 가능성이 있다고 알려져 있다. 따라서 탈모는 모계의 유전경향이 강한 것이 특징이며, 부계, 모계 모두에게서 물려받았을 경우, 자녀는 대부분 탈모 증상이 나타나게 된다. 탈모 유전이 있다고 하더라도 촉발인자, 즉 호르몬, 영양 상태, 스트레스, 올바르지 못한 생활습관 등을 잘 관리하고 예방한다면 평생 나타나지 않을 수도 있다. 따라서 내적으로 유전자을 가지고 있더라도 탈모 예방법을 잘 숙지하여 꾸준히 관리한다면 탈모를 막을 수 있다는 것이다. 탈모 치료는 초기에 예방하고 치료하는 것이 가장 중요하기 때문이다.

(2) 호르몬

남성형 탈모의 원인은 유전과 안드로겐의 대표적인 호르몬 테스토스테론(Testosterone)이다. 테스토스테론은 사춘기 때부터 주로 남성의 정소에서 분비되며 여성의 난소와 부신에서도 적은 양의 테스토스테론이 분비된다. 테스토스테론은 모발의 성장과 관련이 있으며 털이 나는 장소에 따라 발모 또는 탈모를 유발한다. 턱수염의 경우 발모를 촉진하는 반면 두피의 머리카락의 경우는 탈모를 유발할 가능성이 있다. 또한 성인 남성의 경우 여성보다 10배 많은 테스토스테론을 생성하기 때문에 남성, 여성 모두 탈모유전자에 의해 탈모가 나타나는 경우 남성의 탈모가 심하다. 남성형 탈모의 주원인 테스토스테론은 모발에 대해 단순히 분비량에 의해 탈모 현상이 나타나는 것이 아닌 테스토스테론에 대해 작용하는 5α-환원효소(5α-reductase)이다. 5α-환원효소는 제 1형과 2형이 존재하는데 탈모에 관여하는 효소는 제 2형으로 테스토스테론에 수소 2개를 연결하여 디하이드로테스토스테론(Dihydrotestosterone, DHT)으로 전환한다. 이러한 영향으로 변화된 DHT가 모모세포에 작용하여 모낭의 위축과 세포분열을 둔화시키어 결과적으로는 모발에 가는 연모화 현상을 유발하기 때문에 모발은 점차적으로 가늘어져 남성형 탈모로 이어지게 된다. 테스토스테론에 5α-환원효소(5α-reductase) 제2형 유전자가 발현되지 않을 경우 남성형 탈모가 관찰되지 않는다. 따라서 현재 탈모치료제로 사용되고 있는 의약품은 5α-환원효소 제2형의 작용을 억제하는 역할을 한다.

(3) 질병

질병에 의한 요인으로 고혈압, 당뇨병, 결핵 등과 갑상선 질환, 난소 질환 등 호르몬 생성에 관여하는 기관의 질환은 탈모를 촉진하거나 유발하기도 한다. 또한 항암제, 생리지연제, 피임제, 항응고제 등의 장기복용으로 인해 탈모가 나타나게 된다. 따라서 탈모 진단 시 이러한 질병의 유무도 관찰하여야 한다. 또한 혈중 콜레스테롤이 증가하면 남성호르몬으 생성을 촉진시켜 탈모를 악화시킨다. 이러한 질병이나 약물에 의한 탈모는 흔히 남성탈모의 형태가 나타나는 두정부에만 탈모가 생기는 것이 아니라 전체적으로 나타나는 특징을 보이고 있으며, 탈모반의 모양 또한 다양한 형태를 띠고 있다. 따라서 질병과 약물에 의한 탈모는 치료를 중단하거나 몸이 회복되면 탈모 또한 개선된다.

(4) 영양결핍

모발은 혈액을 통하여 영양을 공급받아 성장하고 있다. 그러므로 모발과 영양 상태는 밀접한 관계가 있다. 신체 중 가장 높은 위치에 있는 모발은 영양 상태가 좋지 않으면 영양공급을 충분히 받지 못하기 때문에 탈모가 올 있다. 영양결핍으로 오는 빈혈과 단백질 부족 등은 모발에도 영양결핍을 초래하여 탈모를 촉진한다. 현대사회가 외모지상주의 사회로 변하면서 남녀를 불문하고 다이어트 열풍이 일면서 영양 부족 또는 영양의 불균형으로 체내 신진대사 기능이 저하되고 혈액순환이 원활하지 않아 모모세포의 분열이 저하되어 모발이 가늘어지면서 탈모를 유발한다. 그러므로 탈모진단 시 다이어트 유·무에 대한 확인이 필요하다.

결핵이나 암 또는 위장장애, 만성질환 등으로 영양이 결핍되면 탈모를 일으키며 질병이 호전되어 영양섭취가 잘되면 탈모는 정상적으로 되돌아온다.

(5) 스트레스

스트레스는 자율신경의 부조화를 발생시키고 자율신경의 부조화로 모세혈관은 확대 또는 축소를 가져온다. 또한 자율신경의 부조화는 혈액순환에도 영향을 주어 두부에 혈행장애와 연결된다. 두부에 혈액순환이 원활하지 않으면 세포활성이 저하되고 모발에 영양공급이 이루어지지 않아 탈모가 발생한다. 탈모 발생의 주원인인, 유전, 호르몬, 노화 등에 스트레스가 같이 복합적으로 작용했을 때 탈모는 더 촉진되며 진행속도도 빠르다. 하지만 이렇게 스트레스가 탈모에 영향을 미치려면 최소 한 달 이상 지속되어야 한다. 최근 탈모 발생 연령이 점점 낮아지는 추세인데 아마도 학업, 직장 등의 문제로 인해 이른 나이부터 스트레스에 노출된 젊은층에서 조기 탈모가 증가하고 있는 듯하다. 또한 스트레스로 인해 과잉생산된 활성산소는 인체의 정상적인 DNA와 세포, 조직을 공격하고 세포 성장을 방해하여 모발 성장에도 영향을 미칠 가능성이 있다. 따라서 탈모 예방을 위해서 스트레스 관리를 잘하여야 한다.

탈모와 스트레스와의 관계에 있어 안드로겐성 탈모증은 유전적인 요인이 강하여 스트레스가 탈모의 주요인이라고 할 수는 없지만, 스트레스가 탈모에 있어 촉매제 역할을 한다는데 대해서는 환자들의 견해나 그동안의 임상 연구를 통해 유의적 관계가 있음을 알 수 있다.

(6) 두피질환

두피질환으로는 모낭염, 지루성두피염, 두부건선, 두부백선, 홍반성 루푸스 등 있으며 이러한 질환의 치료가 개선되지 않으면 탈모를 유발한다. 특히 모낭염과 지루성두피염은 모근 부위에 균류에 의한 염증과 같은 뾰루지가 생겨 모근을 약화시키고 자극을 주어 모발 건강에 영향을 미친다. 특시 사춘기 이후 남성호르몬을 분비량이 많아지면서 발생하게 되고 여름철이면 더욱 악화되는 경향을 보인다. 또한 두피백선은 무좀균으로 15세 미만에서 잘 생기며 타원형으로 경계가 뚜렷하며 비듬이 많이 보인다. 두피건선은 면역체계 이상에서 오는 것으로 알려져 있으며 가려움을 동반하고 완치보다는 완화의 개념으로 치료가 이루어지는 만성피부질환이다. 이러한 두피질환이 두피환경을 악화시킴으로써 탈모를 유발하기 때문에 예방과 치료가 잘 이루어져야 한다.

(7) 노화현상

인간은 노화가 시작되면서 세포분열과 재생 기능이 저하되면서 인체에 변화가 시작되는데 모발 또한 노화현상에 따라 모발의 성장주기가 단축되고 모낭의 위축으로 인하여 힘이 없고 가는 모발이 증가하게 되면서 숱이 감소하는 경향을 보인다. 특히 여성들은 중년이 되면 여성호르몬의 감소로 인하여 남성호르몬과의 비율이 달라지면서 모발이 약해지고 탈모가 발생한다.

노화에 의한 탈모는 60세 이후 급격히 빠른 속도로 진행되며 이를 노인성 탈모라고 한다.

2) 외적 요인

(1) 환경오염과 공해

현대 산업사회에서는 인구의 증가와 집중, 산업 발전 등에 따라 막대한 양의 매연·오수·폐기물·유독 화합물·미세먼지·방사능 물질 등이 배출되고, 이것이 넓은 지역으로 확대됨으로써 환경오염이 발생한다. 이러한 오염물질은 체내로 축적되어 건강을 해치고 각종 부작용을 초래한다. 먼지가 많이 나고 공기가 탁한 곳에서 장기간 일을 하면 두피 내에 이물질이 많이 축적되어 모공이 막히면 산호공급이 원활하게 이루어지지 않고 혈행장애 등을 일으켜 탈모가 오거나 모발이 가늘어지고 뻣뻣해신다. 탈모 예방에는 두피 청결이 필수이다. 따라서 두피가 오염되지 않도록 청결한 두피를 유지하는 것이 중요하다.

(2) 중금속과 유기용제

대부분의 중금속과 유기용제는 탈모를 촉진시키며 니켈이나 망간이 대표적인 물질이다. 특히 용접소나 용광로, 광산 등에서는 중금속 중독에 의한 탈모가 유발되므로 탈모 유전자를 가지고 있는 상태에서 이러한 환경에 노출되면 탈모를 더욱더 촉진시키게 된다.

또한 신나, 아세톤, 휘발유, 경유 등과 같은 유기용제도 탈모를 유발할 수 있으므로 탈모를 걱정한다면 참고할 필요가 있다.

(3) 화학물질

모발 시술할 때 사용되는 염모제와 펌제, 거의 매일 사용하는 샴푸 등은 모발손상뿐만 아니라 두피 건강에도 나쁜 영향을 미친다. 잦은 화학약품 사용은 두피조직과 모근부까지 침투하여 두피의 손상을 주어 탈모를 유발한다. 또한 샴푸나 비누의 원료로 사용되는 SLS(Sodium Lauryl Sulfate)는 세정력이 강하고 값이 싸기 때문에 자주 사용되고 있다. 현재 시판되고 있는 샴푸는 10~30% 정도의 SLS를 함유하고 있다. 하지만 SLS 유해성이 보고되면서 SLS를 함유하지 않는 천연샴푸의 관심이 높아지고 있다.

SLS의 강한 세정력은 세포를 파괴시키고 단백질의 변성을 가져올 우려가 있다는 보고와 장기적으로 SLS 샴푸를 사용할 경우 모낭에 영향을 주어 탈모를 유발할 가능성이 있다는 주장도 함께 보고되고 있다. 따라서 SLS 샴푸를 사용을 자제하거나 짧게 사용하고 말끔히 헹구어주는 것이 두피건강을 위해서 중요하다고 볼 수 있다.

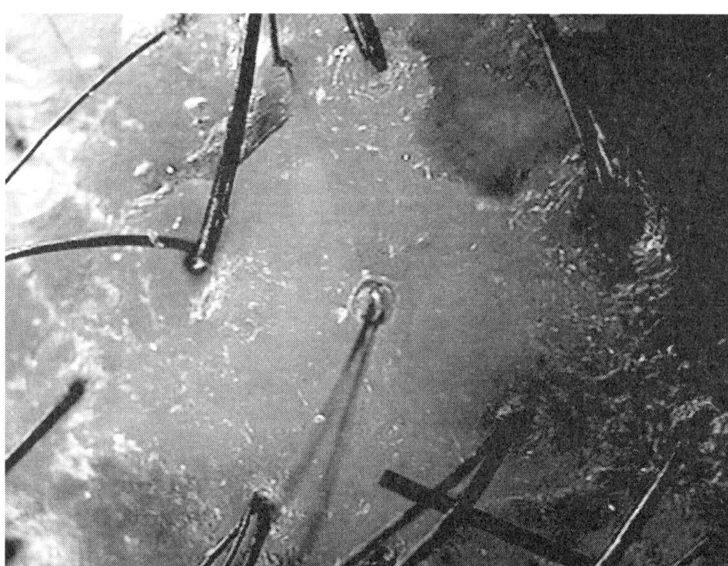

(4) 과음과 흡연

과음과 흡연은 모든 장기에 작용하여 복합적으로 탈모를 일으킨다. 약 4000여종의 화학성분으로 이루어진 담배는 비타민 C를 파괴하고, 혈관의 수축 현상 및 콜레스테롤을 증가시켜 두피의 혈행장애를 일으켜 영양공급의 방해하여 모발성장에 영향을 미친다. 지나친 음주 섭취는 간에서 해독하는 과정에 알코올 분해로 생기는 알데히드가 다시 혈액 속으로 재흡수되어 산소를 운반하는 적혈구와 결합하게 되면 영양공급이 중단되어 모발성장의 저해를 가져와 탈모를 유발하게 된다. 또한 알코올 분해하면서 수분을 빼앗아 가기 때문에 두피가 건조해질 수 있으므로 음주 후에는 충분한 수분을 섭취하여 수분 밸런스를 유지 시켜줘야 한다.

(5) 두피 불청결

두피는 신체 다른 부위와는 달리 굵고 긴 모발로 덮여 있는 구조로 되어있어 신체의 분비물이나 외부 이물질이 축적되면 자연스럽게 탈락 되거나 쉽게 제거되지 않는다. 또한 두피의 모공은 오목한 형태를 띠고 있으며 이곳에 스타일링 제품, 피지, 먼지, 땀, 샴푸제 등과 같은 이물질이 끼게 되면 모공이 막히게 되어 산소공급이 원활하지 않으며, 이물질이 공기와 만나 산화되면서 세균이 증식하여 두피조직에 염증 및 세균성 비듬, 가려움증 등의 문제를 유발하여 심한 경우 두피트러블을 일으키는 원인이 된다. 이러한 문제로 인해 두피의 환경이 악화 되면서 근본적인 탈모 요인으로 작용하지 않으나 탈모가 진행되는 과정에서 탈모가 더욱더 빠른 속도록 진행된다는 것이다.

3. 탈모의 유형

1) 남성형 탈모(male pattern hair loss)

남성형탈모는 남성이 경험하는 탈모 유형 중 가장 흔한 탈모로 안드로겐성 탈모라고도 한다. 유전형질을 가진 남성에게서 남성호르몬에 의하여 흔하게 나타나는 전두부의 점진적인 탈모를 말하며, 일반적으로 이마 양쪽에서 M자 형태로 시작되기도 하고 정수리 부위에서 굵은 성모가 차츰 솜털로 바뀌게 되면서 탈모가 시작되기도 한다. 남성형 탈모가 나타나는 데는 유전적 형질과 남성호르몬이 필요하게 되는데, 유전에 의한 탈모 가능성은 부계가 50%, 모계가 75%인 것으로 알려져 있다. 따라서 부모가 모두 탈모라면 아들의 탈모 가능성은 100%인 것이다. 하지만 남성형 탈모가 사춘기 이전에는 나타나지 않으며 남성호르몬의 분비가 왕성해지기 시작하는 사춘기 이후부터 본격적으로 탈모가 진행되는 경우가 대부분이다. 이는 남성호르몬 수용체가 기능을 하지 못하는 경우에는 유전적 소인을 가지고 있는 경우라도 남성형 탈모가 진행되지 않는다는 것이다.

인간의 모발은 일정한 주기를 가지고 있으며 성장기가 약 3-5년 정도로 알려져 있고 2-3주 정도의 퇴행기와 3개월 정도의 휴지기를 거쳐서 다시 새로운 성장기 모발이 형성되는 과정을 일생동안 반복한다. 정상 모발의 경우, 휴지기 모발에서 새로운 성장기 모발이 형성되는 과정에 모유두세포의 세포분열 혹은 주변의 털진피집 (dermal sheath ofhair)으로부터 새로운 모유두세포의 공급이 일어나게 되는데, 남성형탈모의 유전적 소인을 가진 사람에서는 남성호르몬이 이 과정을 억제하여 새로운 모유두 세포의 공급이 줄어들게 되면서 모낭이 축소되어 새로 만들어지는 모발의 굵기가 가늘어지고 따라서 모주기도 점점 짧아지게 된다. 이러한 비정상적인 모발주기가 몇 차례 진행됨에 따라 결국에는 솜털로 바뀌게 되는 것이 남성형탈모 이다. 보통 성모의 직경은 0.08mm이지만 축소된 모낭의 모발은 직경이 0.06mm이하로 가늘어지면서 결국 대머리로 이어지게 된다. 남성형 탈모의 주요인은 DHT(dihydrotestosterone)이다. DHT 생성 과정은 남성호르 몬의 일종인 혈중 테스토스테론이 모세혈관을 통하여 모유두에 들어가게 되면, 모유두세포 내에 있는 5α-환원효소에 의해 보다 강력한 남성호르몬인 DHT(dihydrotestosterone)로 바뀌게 됨으로써 남성호르몬이 작용이 증폭되는 것이다. 이렇게 생성된 DHT는 남성호르몬 수용체와 결합하여 핵 내로 이동하여 남성호르몬에 반응하는 유전자들의 발현을 조절하게 되어 탈모를 유발하게 된다. 남성형 탈모가 남성의 전두부와 정수리 부분에서만 관찰되는 것은 이곳의 모낭에서는 5α-환원효소가 많아서 DHT가 많이 생성될 뿐 아니라 테스토스테론을 여성호르몬인 에스트로젠으로 바꾸는 아로마테이즈(aromatase) 효소가 적기 때문에 남성호르몬의 효과가 더욱 뚜렷이 나타나게 된다.

남성형탈모의 치료제로 사용되는 finasteride와 dutasteride는 5α-환원효소에 작용하여 DHT의 생성을 억제함으로서 그 작용을 나타내게 된다. 5α-환원효소는 제 1형과 제 2형, 두 가지 종류가 알려져 있으며 finasteride는 제2형을 그리고 dutasteride는 제1형과 제2형 모두를 억제한다. 선천적으로 제2형 5α-환원효소가 없는 경우 제1형 5α-환원효소가 여전히 있음에도 남성형탈모가 진행되지 않으며, 남성호르몬 농도가 높지 않은 여성에서도 탈모가 진행되는 등 5α-환원효소의 작용이 알려진 이후에도 남성형 탈모에 대한 기전은 여전히 다 밝혀진 것은 아니다.

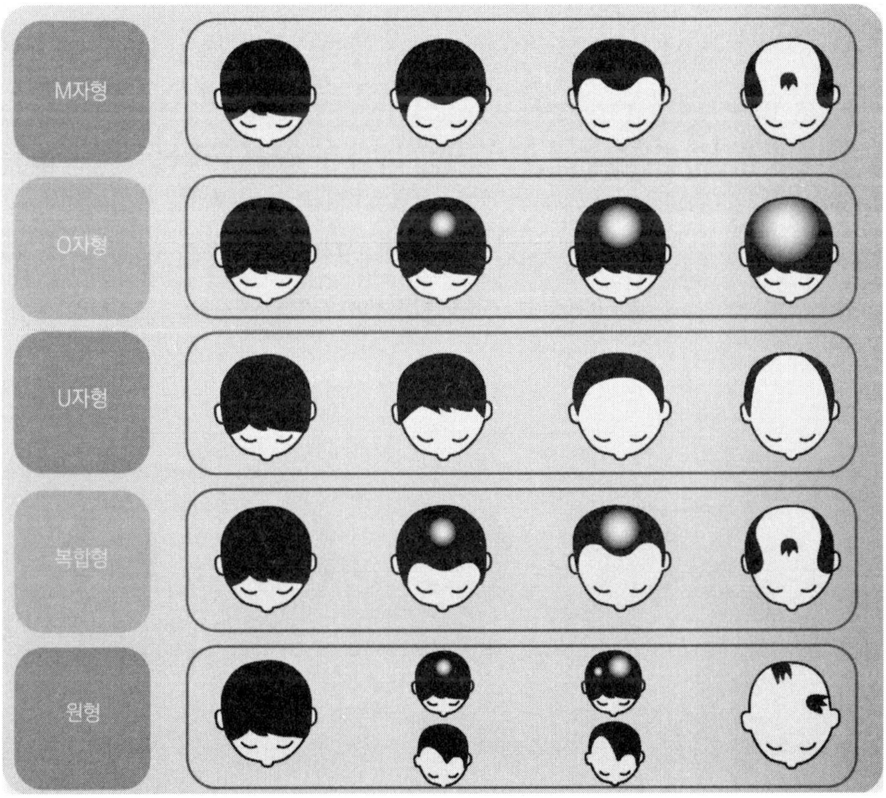

2) 여성형 탈모(Female Hair-Loss Pattern)

여성형 탈모는 남성형 탈모와 마찬가지로 테스토스테론과 매우 밀접한 관계를 가지고 있다. 여성형 탈모의 남성형 탈모와는 달리 대부분 40대쯤 되어 폐경기를 전후하여 대부분 발생하는데이는 여성에게도 소량의 테스토스테론이 분비되는데 여성이 폐경기가 되어 에스트로겐이 결핍되면서 남성형 탈모증의 원인인 테스토스테론이 활성화 되면서 탈모를 유발하는 것으로 추정하고 있다. 따라서 남성에 비해 여성은 완전한 대머리를 유발하지는 않는 것으로 알려져 있다. 여기에 노화, 빈혈 그리고 갑성선 호르몬 분비 이상과 같은 복합적인 요인이 같이 작용하며 여성형 탈모를 악화시킬 수 있다. 여성 탈모의 양상 또한 남성과 다르게 나타난다. 남성의 탈모는 정수리 부근이나 관자놀이 부근에서 나타나지만 여성은 정수리 부근에서 탈모가 나타나는데, 이때 앞머리가 둥글게 연모화 하면서 머리밑에 드러나기는 하지만 헤어라인의 경계를 벗어나지는 않는다. 또 남성형 탈모증과 비슷하게 유전하며 나이가 들수록 점진적인 탈모가 일어나지만 남자와는 달리 가르마선을 기준으로 모발 밀도가 점차적으로 감소하는 양상을 보이며 탈모반 형태가 남성 정수리 탈모의 형태와 크리스마스 트리형의 모양을 띠기도 한다. 남성형 대머리는 굵은 머리털이 잔털로 연모화 하여 끝내는 이 연모마저 빠지게 되는데, 여성의 경우에는 굵은 머리털이 연모화의 상태에서 진행을 멈추는 것이 특징이다.

여성형 탈모의 치료는 테스토스테론 작용을 억제하는 방법과 에스트로겐이 함유되어 있는 경구피임약의 복용을 병용하는 치료가 이루어지기도 한다.

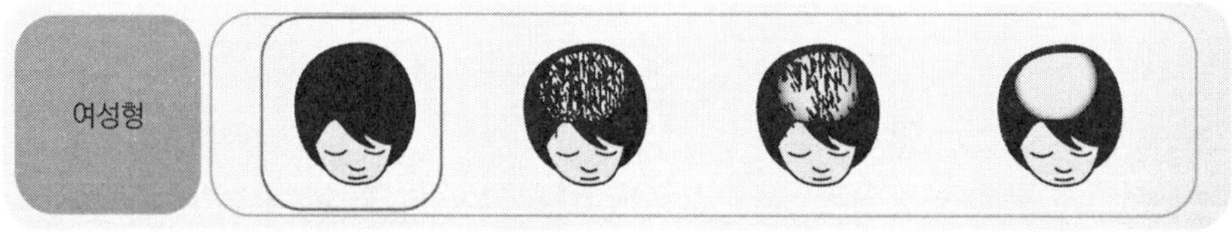

3) 원형탈모(alopecia areata)

원형탈모는 아직까지 정확한 원인을 밝혀지지 않고 있으나, 유전, 스트레스, 호르몬, 다이어트 등 유전과 환경요인으로 면역계와 모낭에 이상이 생겨 발생한다고 추정하고 있다. 따라서 일종의 자가면역질환으로 면역계가 머리카락을 만드는 모낭을 공격하여 머리카락이 부분적으로 빠지는 현상이다. 자가면역이란 자신의 모발을 이물질로 인식하고 면역체계를 동원하여 모낭을 공격하여 빠지도록 하는 것이다. 국부적으로 자각 증상 없으며 직경 1~5cm의 경계가 명확한 원형 또는 타원형의 탈모가 갑자기 발생한다. 보통 두피에 나타나지만 수염, 눈썹, 음모, 겨드랑이 털 등에도 나타날 수 있다. 원형탈모증의 특징은 머리털이 빠지는 경계가 뚜렷하여 그 경계의 안쪽에서 잡아당겼을 때 모발이 쉽게 빠진다. 원형 탈모증은 처음에는 콩알만하게 시작되었다가 시간이 지나면서 동전만한 크기 탈모반으로로 나타난다. 동전 크기 모양의 탈모가 1~2개가 나타나는 단발형 원형 탈모증이 생겨나지만, 단발형 원형 탈모가 모여 다발형 원형 탈모증이 생겨나기도 한다. 또한 여러 곳의 원형탈모가 일부 합하여진 다발 융합형 원형탈모증과 매우 심한 경우 머리전체가 탈모가 되는 전두 탈모증이 되는 경우도 있다. 또한 드물지만 온몸의 털이 다 빠지는 경우(전신 탈모증)도 있다. 머리 전체나 두피 이외에도 수염, 눈썹, 음모 등에서도 볼 수 있다. 원형탈모는 자연히 치료되기도 하지만 반복되어 발생하기도 하며 치료가 어려운 경우도 있으므로 탈모반이 한두 군데에 국한되지 않고 계속 생긴다면 바로 치료를 시작해야 한다.

원형탈모 치료방법은 다양하며 탈모전문병원에서는 스테로이드 연고를 바르거나 주사를 놓기도 하며, 비타민 등 영양제를 복용하기도 한다. 원형탈모는 염증을 동반하는 경우도 있고, 치료를 함에도 불구하고 탈모반이 계속 번지듯이 생기기도 한다. 치료를 시작하고 약 한 달이 지나도 계속 원형탈모가 진행된다면 치료방법을 달리하는 것도 필요하다. 원형탈모의 또 다른 특징으로는 남성형 탈모와는 달리 빠른 속도로 진행되며, 심하면 몇 주 만에 전두탈모로 발전하기도 한다. 발병한 나이가 어리거나 병변이 클수록 치료가 안 된다.

Alopercia Areata(AA)

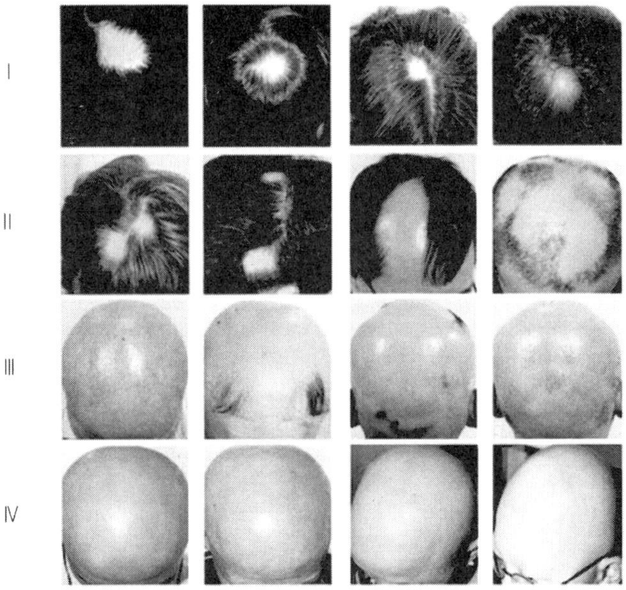

4) 휴지기 탈모(telogen effluvium)

휴지기 탈모는 많은 모낭이 한꺼번에 휴지기에 접어들어 머리카락이 빠지는 현상이 나타나는 그런 탈모유형을 말한다. 인간의 모낭은 85-90%가 모발을 성장시키는 성장기 모낭이며 나머지가 퇴행기와 휴지기 모낭이다. 두피에 있는 모낭의 수는 약 10만 개 정도이며 그 중 10% 정도가 휴지기 모낭이므로 이 기간 동안 약 1만 개 정도의 머리카락이 빠질 가능성이 있다. 휴지기는 3-4개월 정도이므로 하루에 약 50-100개의 머리카락이 빠질 수 있다는 것이다.

대표적으로 산후탈모가 이에 속하며 많은 여성들이 출산 후 휴지기탈모를 겪게 된다. 또한 계절변화에 의한 탈모, 갑상선 호르몬 분비 이상, 철분과 같은 영양분 부족, 다이어트성 탈모,항암제 복용 등으로도 휴지기 탈모가 야기된다.

산후탈모는 임신중 임신유지를 위해 에스트로겐이 증가하는 데서 시작된다. 에스트로겐은 피부를 촉촉이 하며 성장기 모발의 수명을 늘리는 작용을 가지고 있다. 그로 인해 임신 후기, 출산이 가까워지면 에스트로겐의 분비가 증가하기 때문에 빠지는 털은 감소한다. 이 빠지는 털의 감소는 성장기가 끝나야 하는 모발이 성장기의 연장으로 휴지기 모발이 되지 않기 때문이다. 따라서 임신 중, 특히 임신말기에는 빠지는 털이 적어지게 된다. 출산이 끝나면 정상적인 호르몬 상태로 되기 때문에 성장기가 연장되었던 모발이 일제히 빠지는 탈모를 겪게 된다. 산후 탈모는 출산 후 3개월부터 시작하여 5개월 정도까지 지속되며 심한 경우에는 40%이상 탈모 되었다는 보고가 있다. 그러나 그 후에는 서서히 회복하여 약 1년 정도에 원래의 상태로 돌아오는 것이 보통이다.

또한 피임약은 많은 양의 에스트로겐과 소량의 프로게스테론을 배합한 것이어서 이것을 복용하고 있는 중에는 임신후기와 같이 탈모가 저지되지만, 복용을 중지하면 호르몬의 양이 급격히 떨어져 역시 분만 후 탈모증처럼 탈모의 증가를 볼 수 있다. 이것을 피임약 복용 후 탈모증이라 한다.

계절변화에 의한 탈모 또한 휴지기 탈모에 속하며 이를 계절탈모라 한다. 계절탈모는 계절의 변화에 의해 사람의 머리카락이 일시적으로 빠지는 현상이며 주로 가을로 접어들어 머리카락이 많이 빠지는 것이다. 아직까지 정확한 원인은 밝혀지지는 않았지만 여러 연구보고서에 의하면, 봄에 약 90% 이상의 두피 모낭이 성장기에 있음이 관찰되었고, 가을에는 약 80% 정도로 떨어졌으며 약 2배 더 두피탈모가 진행되었다는 것이다. 이는 테스토스테론이 여름에 더 많이 분비되고 겨울에 적게 분비된다는 연구결과로 설명되며, 두피 모낭이 여름에 퇴행기와 휴지기 상태로 유도되어 가을쯤 되면 두피에 탈모가 진행될 수 있다는 것이다.

또한 다이어트로 인해 영양공급이 충분히 이루어지지 않았을 때도 탈모가 올 수 있으며, 난소 질환이나 기타 내분비계통의 수술로 인하여 난소 등을 적출한 경우, 에스트로겐의 변화 때문에 탈모가 발생할 수도 있다. 갑상선 기능저하증 또는 갑상선기능 항진증이 있어도 탈모가 발생하여 머리숱이 감소할 수 있다. 이러한 여러 원인으로 인해 휴지기 탈모가 유발될 수 있으나 휴지기 탈모는 원인을 치료하거나 제거되면 자연스럽게 개선되는 것이 특징이다.

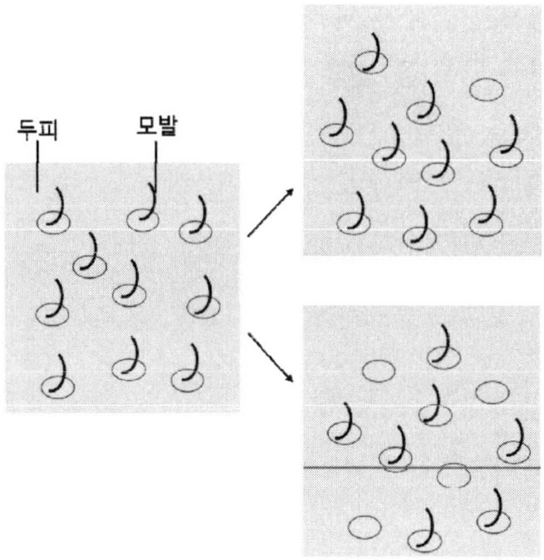

정상모발

<10개 모낭 중 한 개의 휴지기 모발이 발생한 경우>

휴지기탈모

Ⅳ

모발과 영양

1. 단백질

모발 성분의 대부분을 이루는 케라틴 단백질은 18여종의 종류의 아미노산이 모여서 이루어진다. 특히 웨이브 퍼머넌트 형성에 큰 역할을 하는 시스틴이라고 하는 아미노산을 많이 포함하고 있다. 그중 시스테인, 알기닌, 메치오닌의 함량은 음식물의 영향을 받는다. 따라서 모발의 주성분인 시스틴이 많이 함유된 식품으로는 계란, 돼지고기, 고등어, 우유 등이 있으며 대체로 일상의 음식물로 충족되며 특히 상어의 간유를 섭취한 어린이의 모발에서 시스테인 함량이 현저히 증가하였다는 보고가 있다. 모발건강과 성장을 위해서는 여러 종류의 아미노산을 포함한 단백질을 균형 있게 섭취하는 것이 중요하다. 단백질 섭취량이 부족하면 머릿결의 노화가 빨리 온다. 단백질을 섭취하면 위장에서 아미노산으로 분해되어 장벽에 흡수되고, 혈액에 의해 신체 구석구석까지 운반되어 영양이 여러 기관에 흡수된다. 모발의 경우는 모근의 모유두에 모세혈관을 통해 영양분이 전달되어 모발의 성장을 촉진시키게 된다. 그러므로 건강한 모발성장을 촉진하고 모발의 노화를 예방하기 위해 단백질을 균형있게 섭취하는 것이 중요하다.

2. 비타민

비타민도 호르몬과 같이 신체 전체의 기능에 관계하고 있으며, 모발을 생성하고 건강을 유지하는데 필수적인 존재이므로 비타민이 부족하거나 과잉섭취하면 직·간접적인 영향을 준다. 비타민 A, D는 비듬과 탈모를 예방에 필요한 영양소이며 모발의 성장발육에 영향을 미친다. 또한 모발의 건조함을 막아주고 비타민 B_1은 비듬을 방지하는 효과가 있다. 따라서 모발 화장품에 비타민류를 투여하기도 하며 하지만 두피에 흡수되는 것은 주로 지용성의 비타민이므로 수용성의 비타민은 피부로부터 흡수되지 않으므로 비타민이 풍부한 음식물을 이용하여 경구적으로 섭취하는 것이 바람직하다.

3. 지질

지질은 피지선에서 분비된 피지와 모피질 세포가 함유하고 있는 지질이 있으며 모발에는 지질이 0.6~1.0% 정도 포함되어 있다. 지질은 모발 성장에 영향을 주는데, 리놀산(linolic acid), 리놀렌산(linolenic acid)과 같은 필수 지질막을 형성하고 외부로부터 독성과 이물질을 차단하는 역할을 하며 물과 기름이 섞일 수 있도록 유화작용, 모발의 pH의 균형유지, 두피와 모발에 유연성과 보습성을 공급한다. 또한 모발의 윤기와 연관되며 부족 시 모발의 색 변화가 나타난다.

4. 미네랄

미네랄은 단백질, 지방, 탄수화물, 비타민과 함께 5대 영영소의 하나로 무기질이라고도 한다. 미네랄은 다량 미네랄과 미량미네랄로 구분되는데 신체 내에서 다양한 작용을 하며 또한 대사조절에 필요하며 체내의 여러 생리기능을 조절, 유지하는데 중요한 역할을 한다. 다량 미네랄은 하루에 100mg 이상 필요로 하며 신체 내에서 작용하며 칼슘, 마그네슘, 나트륨, 칼륨, 황, 인, 염소 등이 있으며, 미량미네랄은 하루 필요량이 100 mg이하로 매우 소량이며 인체의 생명유지에 필수적인 미량미네랄인 구리, 아연, 철, 망간, 크롬,셀레늄, 붕소, 코발트, 몰리브덴 등과 체내에서 반감기가 길고 독성을 나타내는 수은, 카드뮴, 납, 알루미늄, 비소, 우라늄, 안티몬, 베릴륨 등의 유해 중금속으로 구분할 수 있다.

1) 나트륨

나트륨(Na)은 세포외액에 주로 존재하며 혈액 등의 체액량을 조정하여 전해질 균형을 조절하며 칼륨과 함께 세포의 물질교환을 도와주며 신경에 자극을 전달하고, 체액의 pH 유지에 관여한다. 또한 수분 균형을 조절하며 근육 수축과 이완을 제어하고 신경 자극을 제어한다. 나트륨이 정상적으로 기능을 하기 위해서 충분한 마그네슘이 필요하다. 나트륨은 크롬과 함께 핵산의 합성과 신경 전달물질 합성에 영향을 끼칠 수 있어 학습장애와 관련이 있다는 보고가 있으며, 생체 내에서는 염화물로 조직액의 삼투압을 유지하고, 중탄산염 및 인산염으로 산염기 평형에 관여하고 있다. 음식에서 식염으로 1일 약 10g이 섭취되며 대부분 장관에서 흡수된다. 배설양은 섭취양과 평형을 이루며, 소변으로 90%이상 배설된다. 여성탈모증의 경우 나트륨 결핍은 전해질의 불균형과 부신기능의 저하로 탈모가 지속될 우려가 있으며 모발의 건조를 야기한다.

2) 칼륨

칼륨(K)은 세포의 기능을 올리며, 나트륨과 밸런스를 유지하며 혈액 중의 산과 알칼리의 평형을 조절한다. 혈당 조절, 혈압을 낮추는 작용, 심장 리듬, 신경자극 전달 등의 작용이 있다.

사람의 체내 칼륨의 양은 약 120g으로 혈청에 148-195mg이고 대부분 세포내에서 나트륨과 균형을 유지하고 있다. 칼륨의 결핍은 채소 섭취 부족, 알코올 중독자, 흡연자 등에서 많으며 칼륨은 신장으로 배출된다. 칼륨은 뇌의 신경전달물질이 정상수준으로 유지하기에 중요하며, 결핍은 쇠약, 식욕 상실, 착란 등과 관계가 있다. 칼륨은 푸른 야채와 과일에 많이 함유되어 있으며 칼륨을 많이 섭취하면 나트륨의 과잉을 피할 수 있다.

3) 칼슘

칼슘(Ca)은 체중의 2%를 차지하는 다량 무기질로 생체 칼슘의 99%는 골격과 치아의 경조직에 존재하고 혈액과 세포외액에 존재하는 약 1% 미만의 칼슘은 혈액 응고, 근육수축과 이완, 심장의 규칙적인 박동, 신경의 흥분과 전달, 효소의 활성화 등 중요한 생리조절 기능을 담당하고 있다. 칼슘의 흡수는 다른 식이 요소들과 칼슘 농도를 정상으로 유지시키는 작용이 있어 부갑성선을 제거하면 혈장 내 함량이 내려가 경련을 일으켜 사망한다. 적당한 칼슘은 두피의 신진대사를 촉진시켜 모발의 성장에 도움을 주며 결핍 시 모발을 잡아주는 근육수축력 약화로 탈모가 발생한다. 또한 체내 조직내 칼슘의 축적은 세포막을 가로지르는 운송을 방해하여 머리카락의 영양분의 흐름을 감소시켜 탈모를 유발한다. 칼슘 결핍의 증상들로는 근육경련, 근육통, 손발의 쥐, 뼈의 통증, 월경통, 불면증, 신경과민, 백발, 모발성장 장애, 풍치, 소양증, 습진, 만성적 피부트러블, 골다공증, 관절염 및 폐경기

증상 등이 있다. 모발 중의 칼슘이 1,200ppm이 넘더라도 칼슘을 충분하게 섭취하는 것은 아니다. 모발의 칼슘이 높은 것은 체내 칼슘의 일부가 어떤 영향으로 흡수되지 않고 모발을 배설기관으로 하여 체외로 빠져나가는 탈회현상이라고 알려져 있는데, 이러한 요인 중 하나로 인을 포함한 청량음료의 과잉섭취를 들 수 있으며 체내에 인이 많아지면 뼈나 치아에서 칼슘이 녹기 시작한다. 특히 현대인들은 커피, 차, 콜라와 같은 카페인이 함유된 기호식품 섭취에 의해 소진 될 수있다. 풍부한 식품으로는 멸치, 치즈, 참깨, 김 등을 통해서 섭취할 수 있다. 성장 발달기간에 칼슘 섭취량이 충분하고 골격에 중량이 가해지는 운동을 할 때, 체중이 적당할 때에 최대 골질량을 높여 골다공증을 예방할 수 있다.

4) 마그네슘

마그네슘(Mg)은 성인의 경우 체내에 약 25g 정도의 마그네슘을 가지고 있으며 이 중 약 70%는 칼슘과 결합된 인산염 형태로 체내의 뼈에 함유되어 있다. 당질 대사에 관여하는 효소를 비롯한 여러 가지 효소를 활성화 시킨다. 칼슘과의 균형이 중요하며 부족시 단백질의 합성과 비타민 B_1의 보관 유지 기능 저하로 탈모 및 모발의 약화를 가져올 수 있다. 결핍 요인 중 대표적인 것은 과도한 스트레스, 알코올 및 지방 섭취가 증가된 식습관 등이나 음식물 속에 충분히 분포되어 있으므로 정상상적인 식습관을 가지고 있으며 결핍증은 일어나지 않는다. 마그네슘 과잉증상은 피로, 정신혼돈, 신경질, 우울증, 불면증 등이 있으나 임상적으로는 많지 않으며 과잉 요인은 불량 마그네슘이나 칼슘의 복용, 과잉 단백질이나 지방 섭취에 기인한다. 마그네슘은 엽록소의 구성성분이므로 식물성 식품에 풍부하다. 전곡과 시금치 등에는 마그네슘의 함량이 많으나 피탄산이 함유되어 마그네슘의 흡수를 저해한다.

5) 아연

아연(Zn)은 체내에 미량 존재하지만 필수 금속으로 시상하부 하수체계, 췌장 기타 내분비선에서 호르몬 합성, 분비에 영향을 주며 단백질 합성과 면역기능, 호르몬 분비 등을 촉진하며 항산화 효소를 활성화하는 작용을 한다. 정상치는 160-250ppm, 필요량은

10-15mg, 생리작용은 세포와 조직의 성장과 대사에 필요한 많은 효소(200종류)에 관여한다. 세포의 발생, 증식을 촉진하는 인슐린의 구성물질이고 미각, 후각을 정상화한다.

아연은 주로 피부, 골격, 손톱, 모발, 안구 등에 많이 분포되어 있다. 아연과 구리는 간섭관계에 있으며 아연 과잉이 되면 구리가 부족하게 되는 결과를 초래하며 아연의 결핍증상으로는 성장지연 및 정지, 발육부진, 각종 피부질환, 두피질환, 탈모, 입과 코주변의 염증이 잘 생기므로 아연은 모발 건강뿐만 아니라 피부 건강에 매우 중요한 물질이다. 또한 남성형 탈모와 연관되는 DHT 호르몬을 제어해 주어 탈모를 예방해 주는 필수 미네랄이다.

5) 황

황(S)은 모발과 피부, 손톱의 주요 미네랄이며 이황산염과 결합하여 모발의 단백질층의 케라틴을 강화시키기 위한 필수성분이다. 따라서 결핍되면 탈모, 손톱과 발톱의 연화를 유발하며 과잉증상으로는 골다공증 유발에 관여한다고 알려져 있다. 식품으로는 육류의 단백질을 통해 섭취할 수 있다. 황은 피지생성을 감소시키는 작용이 있어 지루성두피염과 같은 증상을 개선하는 제품에 사용되기도 한다.

6) 인

인(P)은 칼슘 다음으로 체내에 많이 존재하는 미네랄로 세포막을 구성하는 인지질로 존재하며 지방과 지방산을 분해하고 전달한다. 성인의 체내에는 약 600g의 인이 존재하며, 그중 80%는 칼슘과 결합하여 뼈 조직에 분포하며 15%는 근육에 분포하고 있다. 그 외 인산칼슘으로 뼈, 치아, 혈액 등의 모든 세포에 존재하며 체액의 pH 조절, 뼈 및 치아의 형성 및 유지, 탄수화물과 지방대사, 당질, 지방질, 단백질의 중간대사, 핵산의 형성, 각종 효소의 활성화와 같은 대사 반응에 관여한다. 식품 중에서 특히 우유, 육류, 곡류, 생선, 견과류, 씨앗, 과일, 야채 등에 존재하므로 거의 결핍 증세가 없다. 모발에서는 인의 부족은 칼슘, 마그네슘, 비타민 D 등의 영향을 받을 수 있으며 필수 지방산과 인지질의 결핍을 의미한다.

V

샴푸

1. 샴푸의 기능

샴푸의 기능은 단지 모발의 더러움만을 제거시키는 것이 아니며 두피 손질 등을 병행하여 적절한 자극을 주어 두피 혈액의 흐름을 좋게 해 준다. 그러므로 모근부의 생리적 기능을 도와 주고 건강한 모발의 발육을 유지·촉진시켜 주는 것이다.

두피와 모발은 피지선에서 분비되는 피지와 땀에 의해 생기는 노폐물과 피부 각질화에 의해 생성된 비듬, 또 외부의 진애, 매연, 세균, 모발 화장품 등의 유분에 의해 불결하게 되기 쉽다. 이러한 두피와 모발을 그대로 방치하면 모발의 생리기능을 약화시켜 탈모증 등 각종 질병의 원인이 된다. 그러므로 샴푸는 사람에 따라서 두피와 모발의 성질과 상태에 맞는 시술방법과 제품을 사용하고 스캘프 트리트먼트를 하는 것 외에 스캘프 머니플리이션 등도 함께 실시하여 두피와 모발의 건강을 유지할 수 있도록 시술하여야 한다.

샴푸에는 크게 두 가지 목적이 있다. 하나는 모든 시술의 기초작업으로, 모발의 때를 씻어 주어 모발시술을 용이하게 하고, 만족할만한 효과를 얻을 수 있으며, 모발의 청결과 아름다움을 유지시켜 줄 수 있어서 고객에게 상쾌함을 유지시켜 주는 것이다.

다른 하나는 모발의 때를 씻음과 동시에 두피에 적당한 자극을 주어 혈액순환 촉진과 모근 강화를 도움으로써 모발의 육성을 촉진시켜 주는 것이다.

두부의 때에는 내부의 분비물에 의한 피지선이나 땀샘으로부터의 때가 있으며, 자연환경과 모발 화장품으로 인한 외부로부터의 때가 있다.

두부에 때가 끼게 되면 세균이 증식하고 피지와 유기물의 분해가 촉진되어 불쾌한 냄새와 가려움증이 나타나다가 더욱 악화되면 모공이 막히게 되어 모유두의 기능이 저하되므로, 결국 모발은 정상적인 발육을 할 수가 없으며 그로 인하여 탈모가 많아지는 원인이 된다.

샴푸는 혈액순환 촉진과 모근 강화 및 상쾌감을 줄 수 있어야 하므로 두피와 모발의 성질과 상태에 따라 적당한 시술을 행한다. 샴푸는 스캘프머니플레이션 등도 병용하여 모발의 건강한 발육을 촉진시켜 줄 수 있을 뿐만 아니라 고객의 심리를 좌우시키며 헤어디자인의 가장 기초가 되는 작업이므로 소홀히 다루어서는 안 된다.

샴푸는 모발에서 물리적·화학적 작용을 하므로 각각의 두피 및 모발에 맞는 시술방법 및 삼푸제를 사용해야 모발과 두피를 보호하면서 건강하게 해 줄 수 있을 것이다.

2. 샴푸제의 종류

모발에 적합한 샴푸제를 선택하려면 두피나 모발의 상태를 정확하게 판단해야 한다. 모발의 성질은 비록 같은 사람일지라도 계절, 연령, 식사, 모발의 손질상태, 모발의 부위 등에 따라 다르다. 또한 헤어 컬러링이나 퍼머넨트 웨이브의 시술횟수에 따라 다르기도 하다.

샴푸제를 선택할 때에는 모발상태뿐 아니라 두피상태에도 주의하여 조건이 가장 나쁜 부분에 초점을 맞추어 선택하는 것이 중요하다.

샴푸제는 많은 제품들이 판매되고 있으나 샴푸제의 성질과 목적을 잘 파악하여 사용해야 한다.

1) 샴푸의 성분에 따른 분류

(1) 비누 샴푸제

일반적으로 비누 샴푸제(Soap Shampoos)는 동물성 유지를 수산화나트륨이나 수산화칼륨 등의 알칼리로 중화시켜 얻는다. 비누의 세정성은 작용이 온화하고 거품도 좋고 세발 후의 모발감촉도 좋게 하기 때문에 합성세제에 약한 사람이 사용한다.

비누를 물에 녹인 액은 알칼리성으로 모발을 팽윤시키는 작용이 있지만 실제로 샴푸를 하는 시간을 짧고 유알칼리도 적으므로 알칼리에 의한 모발의 손상은 거의 없다.

그러나 경수를 사용했을 때 비누 샴푸제는 물 속에 포함된 칼슘(Ca)이나 마그네슘(Mg) 같은 금속이온과 결합하여 불용성인 금속비누를 형성하게 된다. 그러므로 거품이 잘 나지 않고 세정력이 낮아 모발에 감촉이나 광택을 잃게 한다.

또한 퍼머넨트 웨이브나 헤어 컬러링을 할 때에 약액의 침투를 방해한다.

모발이 지방성인 상태에 사용하는 샴푸제로는 중성세제나 합성세제 타입이 적합하다. 그 이유는 중성세제나 합성세제 타입이 세정력이 뛰어나 탈지(脫脂)효과가 더 크기 때문이다.

(2) 고급 알코올계 샴푸제

샴푸제에는 각종 세정제가 사용되고 있으나 그 중에서 가장 넓게 사용되고 있는 것이 고급 알코올계의 세정제이다.

고급 알코올계의 세정제에는 천연유지를 원료로 하는 것과 석유로부터 합성되는 것이 많이 사용되고 있다.

천연유지로는 야자유 등이 사용되며 천연 고급 알콜계 세정제의 세정력, 기포성, 용해성 등 기본적인 성능은 비슷하다.

(3) 알칼리성 샴푸제

알칼리성 샴푸제는 pH가 약 7.5~8.5인 경우가 일반적으로 많으며, 비누나 합성세제를 주제로 하고 있다.

샴푸 후에는 pH가 낮은 산성 린스제나 헤어 컨디셔너제를 사용해서 모발과 두피의 산성(酸性) 균형을 이루도록 해야 한다.

현재 일반적으로 사용되고 있는 샴푸는 여러 종류의 계면활성제를 함유하고 있다.

(4) 오일 샴푸제

오일 샴푸제(Oil Shampoos)는 모발에 필요한 지방공급과 모근강화를 위해 고급 식물성 유성성분과 습윤제를 배합한 것으로 손상모 등에 효과가 있다.

라놀린(Lanolin)과 레시틴(Lecithin) 등의 유성성분을 투명한 형태로 배합한 오일 샴푸(Oil Shampoo), 크림(Cream) 상태로 배합한 크림 샴푸(Cream Shampoo) 등이 해당된다.

(5) 산성 샴푸제

산성 샴푸(Acid Shampoos)는 구연산, 린산 등에 의해 pH가 5~6의 약산성으로 구성되어 있다.

산성 샴푸는 모발의 등전점 부근에서 pH가 형성되어 있으므로 모표피(毛表皮)를 들뜨게 하거나, 모발의 팽윤이 억제되는 효과가 있다.

알칼리성 제품(헤어 컬러링이나 퍼머넨트 헤어 웨이브)을 시술한 모발에 산성을 유지해 줌으로써 모발 본래의 pH를 변화시키지 않는 샴푸제이다.

즉, 헤어 컬러링이나 퍼머넨트 웨이브의 시술 후, 모발은 알칼리성으로 기울게 되므로 화학적 시술한 모발에 알맞도록 처방되어 있는 것이다.

(6) 항비듬성 샴푸제

항비듬성 삼푸제(Antidandruff Shampoos)는 일명 약용 샴푸제(Medicated Shampoos)라고도 불리우며, 유성(油性) 두피제와 건성(乾性) 두피제로 시판되고 있다. 항비듬성 샴푸는 살균제 징크피리티온이 함유되어 있어 1주일에 2회 정도 사용해 주면 비듬의 원인이 되는 미생물을 살균하는 효과를 볼 수 있다.

사용방법은 두피 부분에 골고루 이 제품을 발라 5분 이상 방치한 후 두피를 마사지하고 샴푸를 해 준다.

(7) 비듬제거용 샴푸제

비듬제거용 샴푸제(Dandruff Removal Shampoos)는 두피의 노화각질과 피지의 분해 산화물이 혼합된 노폐물로서 비듬을 제거하는 데 사용한다. 비듬 제거용 샴푸제의 성분으로는 유화셀린과 같은 특수한 유황 화합물을 배합한 것으로 노화각질을 용해시키는 작용을 한다.

(8) 베이비 샴푸제

베이비 샴푸제(Baby Shampoos)는 어린이 전용 샴푸제로서 탈지력이 약하고 피부나 눈에 대한 자극이 낮은 활성제를 사용하고 있다. 일반적으로 저자극성 샴푸이다.

(9) 논스트리핑 샴푸제

염색한 모발의 샴푸제로는 논스트리핑 샴푸제(Nonstripping Shampoos)가 사용된다. 이들 제품은 pH가 낮은 산성의 샴푸제로서 모발을 자극하지 않으며, 영구적 염색 또는 탈색한 모발에 색상이 제거되거나 모발을 자극하지 않는 샴푸제이다.

pH가 낮은 약산성 샴푸제는 pH가 높은 알칼리성 샴푸제보다 탈색 정도가 약하다. 그러나 산성 샴푸제인 경우라도 그 성분 중에 기포제(起泡劑)가 다량 함유되어 있으면 모발을 탈색시킬 수도 있다.

염색 전이나 콜드 웨이브 시술 전의 샴푸에는 두피를 너무 자극하지 않도록 주의하며 중성 샴푸제를 사용해야만 화학적 시술에 영향을 끼치지 않는다.

(10) 다공성모(多孔性毛)에 사용되는 프로테인 샴푸제

다공성모의 샴푸제는 케라틴과 같은 단백질이나 콜라겐을 원료로 해서 만들어진 샴푸제이며 누에고치에서 추출한 것과 난황성분을 함유한 샴푸제로서 모발에 영양분을 공급해 주는 트리트먼트 샴푸제이다.

다공성모에 사용하는 프로테인 샴푸제(Protein Shampoos)는 다공성인 모발 속에 침투해서 간충물질로서 케라틴 보호작용이 있다. 프로테인 샴푸제는 모발의 탄성을 어느 정도 회복시키고 강도도 강하게 해 줄 수 있는 것으로 알려져 있다.

퍼머넨트 웨이브 후의 화학적 손상모, 염색모 등에 많이 사용하고 있다.

3. 샴푸제의 구성성분

좋은 샴푸제의 조건은 무엇일까?

일반적으로 샴푸제의 기본 구성에는 많은 특성들이 있겠지만 그 중에서 가장 중요한 것은 모발을 청결하게 하는 일이다.

샴푸의 역할은 모발 표면의 기름기와 때 두피의 각질을 제거해 주는 것으로 샴푸의 특성과 효과를 위하여 서로 다른 원료들이 적절하게 혼합된 샴푸의 구성성분들이 균형 있는 관계를 유지하게 하여 샴푸의 성분은 물과 계면활성제를 중심으로 다양한 첨가제가 배합되어 있는 것이다. 일종의 계면활성제 조제품이라 할 수 있을 것이다.

좋은 샴푸는 모발에 광택을 유지시켜 주고 두피에 붙어 있는 먼지와 피지를 제거해 모발을 청결히 해야 한다.

계면활성제는 샴푸를 만드는 데 꼭 필요하다. 이는 기본적으로 지방산 비누에 근거를 두고 있는 것이기 때문이다.

깨끗한 모발의 경우 모발 표면에서 기름물질들이 적어 수분을 제거하기가 쉽다. 반면에 지성 모발은 기름기가 많아서 수분을 제거하기가 어렵다.

모발에 쌓인 피지는 모낭에서 나온 피지, 반복적인 브러싱을 통해 옮겨진 피지의 결과물이라 할 수 있다.

반복되는 모발의 기름기는 피지가 얼마나 빨리 모발에 쌓이느냐에 따라 결정되고 모발을 세정하는 데 쓰이는 계면활성제의 성질과도 관련이 있다. 샴푸는 모발의 표면이 지닌 특성과 연관되어 있으므로 모발은 샴푸에 의해 변형될 수도 있다.

합성 계면활성제는 센물과도 잘 반응하며, 모발의 표면에 약간의 광택제를 남기는 성향이 있어 샴푸를 하고 난 다음 모발의 볼륨감을 유지할 수 있는 것은 물론이고 모발의 탄성을 지킬 수 있는 것이다. 탄성과 볼륨감은 모발의 새로운 스타일링을 위해 꼭 필요하며 깨끗한 모발은 스타일 하기에도 좋고 스타일도 더 오래 유지된다.

1) 계면활성제

제2차 세계대전 후에 계면활성제가 개발되었으며 그 이전에는 샴푸라는 것은 비누밖에 없었다.

계면활성제(界面活性劑)의 작용은 유화, 분산, 습윤, 가용화, 기포화 등으로 각기 그 목적에 따라 작용시키고 있다.

계면활성제는 분자 구조상 물에 녹기 쉬운 친수성 원자단과 기름에 녹기 쉬운 친유성 원자단을 동일 분자 내에 보유하고 있으므로, 친수성 원자단과 친유성 원자단은 힘을 세기에 따라서 계면활성제로서의 역할이 변화하게 되는 것이다.

친수성과 친유성을 지닌 계면활성제는 수용액 중에서 계면활성제 분자와 화합을 일으켜 미셀을 형성하게 된다.

샴푸제에 사용하는 계면활성제에는 지방산계 계면활성제, 석유합성계 계면활성제, 고급 알코올계 계면활성제, 아미노산계 계면활성제, 양성 계면활성제 등이 있다. 일반적으로 많이 쓰이고 있는 것은 고급 알코올계 계면활성제이다.

(1) 음이온 계면활성제

음이온 계면활성제(Anionic Surfactant)는 물에 녹았을 때 발휘하는 기(基)가 음이온의

전하(電荷)를 띄는 것이며, 세정효과와 기포형성 효과가 좋아 비누나 샴푸, 클렌징 폼 등에 많이 사용하고 있다.

계면활성제의 대부분이 여기에 속하며 동·식물유를 원료로 하는 지방산계 계면활성제와 석유를 원료로 하는 고급 알코올계 계면활성제로 나뉜다.

음이온 활성제는 세정제로서 주로 비누가 음이온이고 중성세제로서 예전에 사용되었던 ABS(Alkyl Benzene Sulfonate)도 음이온이다.

음이온계 활성제의 분야에 들어 있는 비누는 부드러운 타입으로서 공해의 문제가 없지만 알칼리성이기 때문에 세정 후 모발이 일시적으로 알칼리성이 되어 모표피를 부드럽게 하므로 브러싱할 때 손상을 받기 쉬우며 가열 건조할 경우 다소 영향이 있다.

세정력은 온화하며 다소의 지방 분이 잔존하기 때문에 모발의 피부에는 결코 그 자체가 나쁘지는 않다.

사용되는 물이 경수인 경우에는 거품생성이 나쁘며, 지방산의 물 속에 들어 있는 칼슘이온과 그 외의 미네랄과 결합하여 불용성의 금속비누를 생성하는 경우도 있다. 예를 들면, 칼슘성분이 많으면 칼슘비누의 피막이 모발의 표면에 부착되어 광택이 없어지면서 감촉이 좋지 않은 모발이 된다.

샴푸에는 음이온 계면활성제가 가장 많이 사용되고 있다.

(2) 양이온 계면활성제

양이온 계면활성제는 물에 녹았을 때 계면활성을 발휘하는 기(基)가 양이온으로 전하를 띠는 것이다.

일반세제로 사용되는 대부분의 계면활성제가 음이온계이므로 이 양이온 계면활성제는 역성(逆性)비누라고 불리우나, 세척력이 없어서 세제로 사용되는 일은 거의 없다.

양이온 계면활성제들은 음이온 계면활성제와 비교해서 일반적으로 클렌징 역할이나 거품을 잘 형성하지 못하나 자극성이 적다.

양이온 계면활성제는 물 가운데에서 음으로 전하된 섬유에 잘 흡착되므로 섬유의 유연제, 대전방지제, 발수제 등으로 사용된다.

음전하를 가진 세균을 강력히 흡착하여 살균·소독작용이 크면서 정전기 발생을 억제시키므로 린스나 트리트먼트의 성분으로 많이 사용되고 있다.

양이온 계면활성제에는 다음과 같은 종류가 있다.

① 아민염

아민(R3N)은 염기이므로 산과 염을 만든 것으로서 계면활성제로 쓰인다. 계면활성제로서의 역할은 적으나 산성에서는 잘 녹으며 중성 또는 알칼리성이 되면 불용성이 된다. 금속 표면의 부식 방식제로 이용된다.

② 4차 암모늄염

암모늄이온(NH_4^+)의 4개의 수소가 모두 알킬기로 치환된 것을 4차 암모늄이온이라고 한다. 유화제나 대전방지제로 쓰이는 계면활성제의 대부분이 4차 암모늄이다.

4차 암모늄염 중에서 알킬기 중 하나가 벤질기를 가지고 있는 것은 강력한 살균작용을 나타내므로 소독에 사용된다. 라우릴 디메틸 벤질암모늄 브로마이드(Lauryl-Dimethyl Benzylammonium Bromide)는 대표적인 살균제로 이 계면활성제의 살균력은 석탄산의 200~300배나 된다.

(3) 양성 계면활성제

양성 계면활성제는 물에 녹았을 때 용액 pH에 따라 양성이온, 음성이온 또는 쌍극성의 이온을 띤 계면활성제이다.

양성 계면활성제는 자체에 고유의 등전점을 지니고 있어 알칼리에서는 음이온 계면활성제로 역할을 하고 산성일 때는 양이온 계면활성제로 역할을 한다.

양성 계면활성제는 세정력이 적당하고 피부의 자극성도 적고 안정성이 높아 유아용 샴푸제 등의 주제로 광범위하게 사용되고 있다. 양성 계면활성제는 음이온 계면활성제와 병용하면 음이온 계면활성제의 자극성을 억제하는 효과가 있다. 양성 계면활성제 중에는 알칼리성에서 좋은 세척성을 나타내는 것이 있다.

양성 계면활성제는 대전방지효과나 방취효과가 있어 린스제(Rinse Agent) 및 트리트먼트제(Treatment Agent)로도 사용되고 있다.

(4) 비이온 계면활성제

비이온 계면활성제는 유화제, 침투제, 습윤제, 가용화제로서의 사용목적이 다양하지만 단독으로는 샴푸제에 사용하지 않는다.

비이온 계면활성제는 물에 녹았을 때 이온화되지 않는 것으로 보조적인 역할을 하는 기포세정제로서 고급 알콜이나 친수성인 에틸렌옥사이드(Ethylene Oxide)를 결합시켜 재제로 사용되고 있다.

결합시킬 에틸렌옥사이드(Ethylene Oxide)의 결합 양에 따라 친유성 타입에서부터 친수성 타입까지 많은 종류의 계면활성제를 만들 수가 있으며 그 밖에 고급 알코올과 지방산 등에 의해서도 비이온 계면활성제를 얻을 수 있다.

비이온 계면활성제는 기름과 물을 유화시키는 힘이 강하기 때문에 피부자극이 적어 화장수의 가용화제, 크림이나 로션의 유화제, 클렌징 크림의 세정제로서 많이 사용되고 있다.

2) 분산제

모발에 칼슘비누의 침전이 생기는 것을 막기 위한 것으로, 특히 비누재제인 경우는 분산제의 역할이 더욱 중요하다. 분산제는 결과적으로 비누거품이 잘 일어나게 해 주는 기능을 한다.

3) 조정제

모발의 손질을 쉽게 하고 탄성을 주기 위해 사용하는 것으로 세제의 탈지성을 보충하고 윤택한 모발을 위해 조정제(Conditioner)를 첨가한다. 보통 라놀린과 그 유도체, 세틸 알코올, 올레일 알코올 등의 작용이 우수하며, 사용농도는 거품형성에 영향을 주지 않는 2% 이하로 제한된다.

계란 노른자 위는 레시틴, 콜레스테롤 등이 풍부하게 함유되어 있어 모발을 부드럽게 해 주며, 또한 세제의 분자보다 더 빨리 모발에 흡착되어 세제의 부작용을 줄여 주며, 모발의 세정 시에 세제분자에 둘러싸여 에멀젼이 되었다가 헹구는 과정에서 모발에 흡착되어 모발의 상태를 부드럽게 하고 정전기를 예방해 준다.

이 조정제는 크게 친유성이 강한 지방산 에스테르 같은 물질로 수분의 확산을 막는 완화제 작용과 보습기능을 하는 레시틴, 라놀린과 같은 성분의 기능이 모이스쳐라이저 작용을 한다.

4) 보습제

샴푸는 세정기능과 더불어 두피로부터 자연피지성분을 과도하게 제거시키기도 하므로 샴푸 후 모발의 건조를 막기 위하여 당연히 보습효과가 있는 물질이 첨가되어야 한다. 모발은 평상시 10% 내외의 수분을 보유하고 있어서 촉촉함을 유지하는데, 수분이 감소되면 촉감이 거칠어진다.

샴푸 후 모발의 건조를 막고 모발의 부드러움과 윤기를 유지하기 위하여 습윤제와 윤화제를 첨가하고 있다.

보습제는 글리세린처럼 흡수성이 높은 것으로 샴푸 후의 광택, 감촉, 브러싱을 좋게 하고, 또한 모발의 표면을 보호하며 손상을 회복시키는 등의 목적으로 사용된다.

보습제로서의 첨가물에는 여러 종류가 있으나, 흡착에 따른 분류는 다음과 같다.

(1) 모발에 물리적으로 흡착하는 컨디셔닝 효과

과지방제라고 부르는 유성성분과 보습제가 주가 되고 있으며, 유성성분은 샴푸의 기포를 저하시키지 않고 안정하게 유화·가용화되어야 한다.

유성성분에는 라놀린과 그 유도체, 스쿠알렌, 유도파라핀, α-올리핀 올리고머, 지방산 및 그 유도체, 고급 알코올 에스테르, 실리콘유와 그 유도체, 피자마유, 올리브유 등이 있다.

유성성분은 샴푸의 탈지력을 억제하고 유분을 모발 표면에 보급하여 피지막을 만들어 모발의 수분증발을 막아 주고, 브러싱할 때의 물리적 마찰에 대한 보호작용을 하며, 광택이나 촉촉한 감촉을 유지해 준다.

보습제에는 글리세린, 프로필렌글리콜, 부틸렌글리콜, 솔비톨, 요소 등이 사용되고 있다.

(2) 모발에 화학적으로 흡착하는 컨디셔닝 효과

모발의 구성분자인 아미노산과의 강한 친화성에 의해서 모발에 흡착되어 컨디셔닝 효과를 주는 것이다.

화학적으로 흡착하는 것은 콜라겐, 가수분해물(폴리펩티드), 아미노산, 판테놀(Panthenol), 알부민, 레시틴(Lecithin), 비타민 B 복합체 등이 있다.

모발은 케라틴 단백질의 연쇄고분자 집합체로 화학적으로 동일계인 물질과 그 유도체는 강한 친화성을 가진다.

대표적인 것으로는 콜라겐을 가수분해하여 얻어지는 폴리펩티드(PPT)로 모발의 흡착량이 최대가 된다.

손상모는 모표피(Cuticle)가 열려 있으므로 친수성이 강한 모피질(Cortex)이 노출되어 PPT 흡착이 쉽다. 모표피에 흡착된 폴리펩티드는 모발을 보호해 준다.

이들 유성성분은 샴푸의 기포를 저하하지 않고 안정하게 유화·가용화되어야 하며, 계면활성제에 가용화된 유성성분은 모발의 상태에 따라 달라질 수가 있다.

(3) 모발에 이온 흡착되는 컨디셔닝 효과

양이온 계면활성제로서의 기능을 가지며 모발과 강하게 이온결합하여 흡착막을 형성하므로 손상모에 좋다.

그러나 샴푸에 양이온 계면활성제를 첨가하면 기포가 저하되고 양이온성도 상실하여 그 효과가 떨어진다.

그러므로 이 목적을 위해서는 비이온과 배합해야만 한다고 알려져 있다. 양이온성 고분자 화합물은 양이온성 셀롤로오스 에텔 유도체, 폴리비닐계 유도체 4급

암모늄염 등이 있다. 이들 중 가장 주목받는 것은 양이온성 변성 셀룰로오즈 에텔 유도체이 다.

양이온성 고분자 화합물은 강한 흡착 막에 의해 모발에 탄성과 힘을 주어 브러시 등에 의한 물리적 작용으로부터 모발을 보호하고 수분유지 능력의 향상, 대전방지 등의 효과를 주게 되는 것이다.

5) 형광제

모발의 광택을 위해서 형광물질을 첨가하는데, 이 형광물질은 눈에 보이지 않는 자외선을 가시광선의 흰빛으로 반사시켜 모발의 광택을 좋게 하는 역할을 한다.

6) 거품제

주로 사용되는 거품제(Forming Agent)로는 코카마이드 미(Cocamide Mea), 라우라미드 미(Lauramide Mea), 라우릭 디(Lauric Dea), 폴리솔베이트 20(Polysorbate 20) 등이 있다.

거품을 잘 일어나게 하는 성분은 헹굼과정이 오래 걸리므로 그 양에 유의해야 한다. 기포의 증진과 안정을 목적으로 알카놀아미드와 아민옥사이드를 쓰고 있다. 알카놀아미드는 음이온 계면활성제의 기포 형성과 포막의 강도를 현저히 증가시키며, 고급 알코올과 같은 유분은 계면활성제의 미셀 내에 들어가 표면의 점성을 증강시킨다. 또한 수용성 고분자는 기포증진과 함께 기포 표면에 강한 흡착막을 만들어 점증효과도 더해 준다.

7) 방부제, 살균제

건강에 위협을 줄 수 있는 미생물의 작용으로부터 안전하게 지키기 위해 첨가되는 것이 방부제이다.

샴푸의 주성분이 알킬술포네이트(Alkyl Sulfonate) 등은 녹농균 등의 박테리아나 미생물이 번식하기 쉬워 샴푸의 변질을 초래할 수 있다.

샴푸가 미생물에 오염되면 혼탁, 분리, 침전, 변색, 악취, 변질, 분해 등이 일어난다. 미생물에 의한 변질은 상품의 성분과 수분함량에 따라서 다르나 일반적으로 수분이 많을수록 변질되기 쉽다.

그러므로 살리실산, 파라옥시안식향산메틸, 파라옥시안식향산프로필, 이미다졸리딜우레아 등을 첨가한다.

8) 향비듬제

비듬발생의 가장 큰 원인은 각질세포의 이상박리, 피지의 과잉분비, 미생물의 증식 등이다.

미생물의 증식을 억제하면 가려움증을 줄일 수 있으며 비교적 짧은 시간에 두피에 작용하므로 두피와의 친화력이 있는 성분들로 징크-피리치온, 피록톤올아민, 알란토인, 멘톨, 살리실산 등 비듬방지제를 첨가하여 사용되고 있다.

가장 많이 사용되는 것은 징크-피리치온으로 피부염 치료, 가려움 예방효과가 있다.

9) pH 조절제

음이온성 계면활성제를 사용할 경우 pH에 의해 색상, 기포력, 점도 등이 영향을 받으므로 원하는 pH로 조절해야 한다.

대부분의 원료들이 약알칼리이므로 인산나트륨, 구연산 등으로 조절한다.

10) 증점제

증점제(Thickener)로는 천연 검(Gum)의 종류인 아카시아 검(Acacia Gum), 트라가칸스 검(Tragacanth Gum), 메틸셀룰로오스(Methyl Cellulose), 카르복시-메틸셀룰로오스(Carboxy-Methyl Cellulose), 카보풀(Carbopol) 등이 사용된다.

11) 금속 봉쇄제

일반적으로 물 또는 원료 중에 미량 금속이온은 샴푸의 효과를 저해시키므로 이를 막기 위해 금속 봉쇄제를 첨가하고 있다. 이것은 산패를 막는 효과도 있다.

비누나 샴푸성분 등이나 경수에서 세발할 때 불용성 물질의 모발흡착을 방지할 목적으로 주로 사용되는데, EDTA는 칼슘과 마그네슘 등에 효과가 있으며, 구연산, 주석산 등은 변색의 원인이 되는 철 이온에 효과적이다.

12) 항산화제

항산화제(Anti-oxidant)는 특히 용기일 때 자외선을 흡수하여 제품의 색상 및 품질이 변하는 것을 방지할 목적으로 소량씩 사용한다.

13) 향료

향료는 예로부터 향균력이 있음이 널리 알려져 있으며, 소비자들이 어떤 샴푸를 선택하느냐를 결정하는 가장 중요한 요소 중 하나가 향일 것이다.

향료는 소비자의 기호를 고려하여 pH, 일광, 온도, 산화 등의 영향을 감안해야 한다. 향료에는 천연 동·식물 향료와 합성 향료가 있는데 지금까지는 샴푸 및 체취를 제거하는데 그 목적을 두어 씨트러스(Citrus)계의 향이 대부분 사용되었으나, 고급 알코올계 액체샴푸가 보급된 후로는 플로럴부케, 천연허벌, 라벤다, 프리티로 바꾸어 가고 있다.

14) 그 밖의 첨가물

그 밖에 샴푸에 첨가되는 것은 PPT, 퇴색·변색 차단제, 자극억제제 등이 있다. 또한 샴푸는 그 목적에 따라서 두피의 건강유지에 효과가 있는 비듬방지제, 가려움 방지, 방부제, 살균제, 자외선 흡수제, 점성제 등이 배합되어 있다. 첨가물들 중 특수한 물질에 관한 것도 있으며 향료나 색소도 샴푸의 상품가치를 높이고 기분 좋게 샴푸를 할 수 있게 하는 필요한 첨가제들이다.

Ⅵ

모발과 두피관리

1. 모발관리

1) 모발관리의 정의

모발관리는 화학적 요인, 물리적 요인, 환경적 요인에 의해 손상된 모발에 제품을 이용하여 더 이상 손상되지 않도록 관리하는 것을 말한다. 특히 헤어스타일링의 수단으로 화학약품을 사용한 잦은 염색과 펌으로 인해 모발이 건조해지고 큐티클층이 팽윤 또는 탈락으로 인하여 모피질층의 성분들의 유실로 모발끝이 쉽게 갈라지고 끊어지며, 모발이 거칠어져 아름다운 헤어스타일을 연출하기에 어려움이 있기 때문이다. 또한 환경공해, 각종 스트레스, 비만, 지나친 다이어트, 인스턴트 음식의 섭취량 증가 등으로 인한 요인으로 모발손상이 증가하고 있다. 따라서 이러한 손상을 예방하고 손상된 모발내의 유분과 수분을 보충하여 건강한 모발을 유지하기위해 모발관리가 필요하다. 아름다운 헤어스타일을 창출하는 데 가장 크게 영향을 미치는 것은 모발손상도이며, 완벽한 헤어스타일 창출을 위해서는 모발의 보호와 관리가 매우 중요하다. 환경공해, 각종 스트레스, 비만, 지나친 다이어트, 인스턴트 음식의 섭취량 증가 등으로 인한 요인으로 모발손상이 증가하고 있다.미용 전문가는 모발시술에 앞서 고객과 상담 시 세심한 주의와 진단이 필요하며 문제성 모발일 경우에는 모발의 건강관리를 도울 수 있어야 한다.

2) 모발관리 방법

(1) 헤어 리컨디셔닝 (Hair reconditioning)

핫오일 트리트먼트와 크림 컨디셔너를 사용하여 손상된 두발, 이상(異常)성이 있는 두발을 손상 이전의 정상적인 상태로 회복시키는 것으로 스캘프머니플레이션과 브러싱을 함께 병행하며, 양질의 샴푸제로 샴푸잉하고 크림상태의 트리트먼트를 도포하여 열을 가해주는 방법이다.

(2) 헤어 클리핑 (Clipping)

모표피가 벗겨졌거나 끝이 갈라진 두발을 숱을 적게 잡아 꼬고 겉으로 빠져나온 모발들을 제거하는 것으로 두발 끝에서 모근을 향해 잘라내는 방법이다.

(3) 헤어 팩 (Hair pack)

페이셜 팩과 마찬가지로 모발에 영양분을 흡수시키기 위해 사용하며, 윤기가 없고 건조한 건성 모(乾性 毛)나 모표피가 많이 일어난 두발, 다공성 모(多孔性 毛)등에 효과적이다. 깨끗하게 샴푸 후 모발에 트리트먼트 크림을 충분히 발라 다양한 동작들로 마사지하여 45~50℃ 열로 약 5~10분 정도 헤어스티머나 미스트를 쬐여 주는 방법이다.

(4) 신징 (Singeing)

갈라지거나 건조해서 결절이 일어나는 모발의 영양분이 손실되어 나가는것을 막기 위해 온열 자극을 사용하는 방법으로 신징 왁스나 신정기라는 기계를 사용한다. 불필요한 두발을 제거하거나 지져서 제거하는 방법으로 영양분 손실을 최소로 하여 두발의 순조로운 성장발육에 도움을 준다.

(5) 앰플 (Ampule)

식물성 오일을 주로 사용하며 비타민 등을 함유하고 있어 모발에 영양과 동시에 수분을 공급하기 위해 사용된다.

2. 두피관리

1) 두피관리의 정의

두피관리란 모발생성의 근원이 되는 두피의 청결과 건강을 위한 다양한 미용적 시술로서 일상적인 샴푸나 두피 스켈링, 트리트먼트를 포함하며 기타 기기로 두피의 문제를 예방 및 개선하는 것을 말한다. 또한 건강하고 정상적인 모발 성장에 장애가 되는 문제점과 두피 유형을 파악하여 두피질환 예방 및 건강한 모발의 성장에 도움을 주는 관리를 말한다. 이처럼 두피관리는 두피에 인위적인 자극을 가함으로써 두피의 신진대사와 혈액순환을 유도시키고, 긴장을 완화시켜주는 등 모발이 지나치게 빠지는 질환이나 비듬예방 및 관리에 도움이 되며, 모발 성장에 중요한 역할을 한다. 따라서 두피 및 모발관리는 내적, 외적 요인을 통하여 예방과 개선이 필요하다.

2) 두피관리 방법

(1) 진단과 상담

고객의 두피 상태와 문제를 파악하기 위해 두피정밀진단기를 이용하여 두피를 진단·분석하고 1:1 상담을 통하여 평소 신체 건강상태와 라이프스타일, 식습관 등을 파악한 후 문제점과 해결책을 찾는다.

(2) 승모근과 목 근육 이완 및 순환

뭉친 승모근과 목 근육을 이완시켜 두피 혈액순환을 촉진시키고 노폐물을 배출시켜 긴장된 환자의 심신을 풀어 정신적인 안정과 관리 효과를 높이기 위한 두피관리 과정이다.

(3) 두피 스케일링

두피 스케일링이란 두피의 노폐물과 각지를 피지를 청소하는 과정으로 두피의 모공을 열어주어 산소공급을 원활하게 하여 혈액순환과 함께 두피문제를 해결하기 위해 사용되는 솔루션의 흡수를 용이하게 해주는 단계이다. 두피는 각질, 피지, 비듬, 미세먼지 등의 오염물질 등이 산화되어 곰팡이, 박테리아 등의 번식이 쉽고 따라서 염증이 일어날 수 있으며, 이러한 염증은 모발 성장과 탈모에도 영향을 미치므로 이것을 없애거나 예방하여 두피건강을 유지하는 것이 두피관리 과정의 하나이다.

(4) 샴푸

샴푸는 두피와 모발의 각종 이물질과 노폐물, 피지 등을 제거하여 두피를 청결하게 하고 적당한 자극과 마사지를 통하여 혈액순환과 모발의 성장을 촉진시킨다. 피지와 유기물로 인한 모발의 연모화 및 탈모를 방지하고 두피와 모발의 영양을 준다.

(5) 두피 마사지

손가락의 압력을 이용하여 경혈점을 자극함으로써 몸속의 독소를 배출시키고 에너지 흐름을 원하게 하여 내부 장기의 기능을 개선한다. 또한 두피를 이완시켜 혈액순환을 좋게 하고 근육의 분비선의 기능을 왕성하게 해서 두피의 건강상태를 양호하게 유지시키고 모발의 성장을 촉진시킨다.

(6) 영양공급

두피는 다른 부위의 피부와는 달리 두발로 덮혀 있어서 습도가 높고 피지나 땀의 분비도 많다. 이러한 노폐물이 축적된 채로 놓아두면 세균 등의 번식에 의해 비듬이 생기며 가려움증과 같은 불쾌감이 수반될 뿐만 아니라 두피환경이 나빠져 탈모의 원인이 되기도 한다. 두피 영양공급은 두피토닉 및 앰플을 이용하여 나빠진 두피환경을 개선하여 가려움 방지, 비듬방지, 탈모방지, 육모효과를 높이기 위해 처치된다.

(7) 홈케어 및 사후관리

두피관리는 꾸준한 관리가 필요하기 때문에 홈케어와 같은 사후관리가 매우 중요하다. 따라서 꾸준한 관리가 이루어지도록 고객에게 홈케어의 중요성을 인식시키고 더불어 생활습관, 식생활, 두피타입에 맞는 샴푸를 이용하여 세정하도록 교육한다. 이를 통해 두피 건강을 유지시켜 탈모예방과 발모효과를 볼 수 있도록 한다.

모발두피 기초이론

2019년 3월 10일 초판인쇄
2019년 3월 15일 초판발행

지은이 / 이진옥 · 이혜정
펴낸이 / 이상태
펴낸곳 / 청구문화사
주　소 / (03706) 서울특별시 서대문구 성산로11길 15
전　화 / 02) 332-0541(代)　**팩　스** / 02) 337-9577
등　록 / 1990년 11월 2일 제9-247호

정가 15,000원

ISBN 978-89-5616-805-0 93590